品格论

Character

〔英〕塞缪尔·斯迈尔斯 著

Samuel Smiles

巨涛 编译

上海文艺出版社 上海故事会文化传媒有限公司

目录
CONTENT

译　序

　　这是一本伟大的心灵励志书。它探讨了优秀的品格在人生发展过程中的巨大价值，书中所蕴含的思想浓缩了人生智慧的精华，吸引、激励了世界各地一代又一代读者。

　　它的作者——塞缪尔·斯迈尔斯（Samuel Smiles, 1812-1904），是英国19世纪伟大的道德学家和脍炙人口的散文随笔作家。他著有二十多部著作，最受人喜爱的是有关人生成功与幸福、有关良知、信仰、道德、自由与责任等领域的随笔作品。《品格论》（Character）自1871年在英国问世以来，被翻译成多种语言，在全球畅销一百多年而不衰。该书虽然写于一个多世纪之前，但对今人的激励和启发作用仍不可小视。

　　塞缪尔·斯迈尔斯在书中极力刻画描写众多杰出人物，淋漓尽致地将他们优秀、高贵的品格展现给读者，并不断提醒我们应当从伟人的人生经历中吸取对我们有益的东西。他循循善诱地告诉我们，世俗的功名成就并不重要，培养良好的行为习惯和乐观豁达的性格，拥有诚实、正直、自制和耐心的品格，才是我们最宝贵的财富。

　　塞缪尔·斯迈尔斯认为，品格是世界上最强大的动力之一。

它所蕴含的巨大的精神力量，给人们的心灵带来喜悦、鼓舞和震撼。一个民族的品格必然依赖于多数人的道德品质。只有每个人的品格得到升华，这个民族才能够拥有更高尚的品性，这个国家才能繁荣昌盛。因此，在当今这个急功近利、物欲横流的时代，对品格的培养则显得尤为迫切和重要。

塞缪尔·斯迈尔斯说："书籍可以帮助年轻人点亮心灵的灯，激起热情，开阔眼界，并一直影响着年轻人的品格。"希望今天的青年人能从这部经典作品中汲取力量，去塑造高贵的品格，开创和把握自己充实而美好的人生。这也是我们将此书重新编译奉献给读者的原因。为了便于读者理解斯迈尔斯的思想，我们对原书的内容进行了节选，并增加了小标题。

此书的出版得到同济大学蔡敦达教授的大力支持，另外也得到冯任远教授的指导和斧正，谨在此一并致谢。由于译者水平有限，译文中难免会有错误和遗漏，请读者谅解，并欢迎批评指正。

第1章

开发自己!
——你必须知道什么可以让你的
精神和才智得到发展

1. 什么是自己最精彩的人生

我们每个人都有决定自己意志和行动的自由。这种自由是美好的，但往往也会成为弊端，关键就在于如何利用。也就是说，在看待某一事物时，是注重其光明的一面，还是阴暗的一面，完全取决于我们自己。

有的人工作中出现失误时，敢于正视自己的错误，以免重蹈覆辙，他们终有一天会得益于这些错误。也有的人犯了错误以后，如同末日降临，只顾眼前的损失，无暇从失败中吸取任何教训。同样一件事情，因个人思想和行为方式的差异，竟会有如此不同的反应。那么，选择更为美好的人生之路，则是做人的一种智慧。

人生因我们的选择而不同

一个人是否愿意趋利避害、择善而从，决定了他是一个固执己见、心灵扭曲的人，还是积极进取、健康向上的人。

人生可以根据我们自己的选择而改变。真正能够掌握世界的人都是乐观开朗的人，因为只有他们可以从每天的生活中发现并享受快乐。

然而有些人整天焦躁不安、不知满足，所以他们很容易陷入到痛苦与烦恼之中，无法获得内心的安宁和幸福。我们常会看到有些人态度生硬，像个硬毛刷子，以至于周围的人们都不敢靠近他们，生怕被扎伤。原因就在于他们没有克制住自己的情绪，从而造成了无法想象的难堪局面，让快乐变成了痛苦，让自己的人生变成了赤脚走在布满荆棘道路上的痛苦之旅。

理查德·夏普曾说："有时候一个小麻烦也会像飞入眼睑的虫子一样让我们痛苦不堪，一根纤细的发丝也能让大型机器停止运转。一个人若想获得快乐，关键在于不要为那些琐碎的烦恼而闷闷不乐，而是要主动去寻找快乐的萌芽。当然，要想获得很多的快乐，就需要花费更长的时间。"

我们无法解决自己无端设想或制造出来的麻烦。如果一个人心中一直充满了痛苦，总有一天他会被沉重的精神负担压垮。所以当我们遇到困难的时候，必须勇敢地面对它，不能放弃希望。

有些年轻人过于计较一些微不足道的小事，佩尔特斯曾这样忠告他们："不要放弃希望和自信，勇往直前。这是一个尝尽人生艰辛的老人给你们的忠告。无论发生什么事情，我们都必须面向未来不断地前进，必须以积极开朗的心态对待多姿多彩的人生。这种心态很重要，如果没有它，我们肯定会丧失生存下去的活力。"

才能是人生成功的必要条件，然而性情也是至关重要的因素。无论成功与否，一个人的幸福往往取决于他是否拥有沉着的性格、坚强的毅力和宽容的心态，是否对周围的人充满善意和关怀。"为他人祈求幸福，就是为自己寻求幸福。"柏拉图的这句话也表明了这个意思。

乐观的心态可以让你的人生重负减半

在这个世上，有种人非常乐观，他们在任何事物中，都能发现美好的一面。他们认为世上根本不存在令人一蹶不振的严重灾难，即使有也可以通过努力使其转变为幸福，而且他们可以从这个过程中获得满足。无论天空多么黑暗，他们都可以透过云层看到一缕阳光。即使看不见阳光，他们也坚信太阳只是被一时遮蔽，不久肯定会重新放射光芒。所以，他们可以一直保持乐观而满足的心态。这种人是幸福的，总是让所有人羡慕。他们的眼中闪烁着一种光芒，是喜悦、满足、快乐、充满信念和知识的光芒。因为心中充满了阳光，所以在他们眼里任何东西都是绚丽多彩的，即使是沉重的负担也甘之如饴，毫无怨言。他们明白任何抱怨、烦恼都无济于事，所以他们既不会哭泣，也不会把精力浪费在无用的叹息上。他们会摘下一朵路边盛开的鲜花，继续勇往直前。

不要认为他们是鲁莽草率的人。一般具有宽大包容力的优秀人物都是性格开朗、充满希望和爱心，值得我们信赖的人。他们聪慧明智，能从漆黑的乌云中看到曙光，能从眼前的困难中看到希望，能在病痛中努力恢复健康，能把各种考验当作人生的历练，从中发现并改正自己的缺点。在痛苦和困难面前，他们总是鼓起勇气，充分利用自己的知识和实践经验，迎接挑战。

有的人可以找到"金光大道"，有的人却找不到

愉快开朗的性格虽然可以说是天生的，但和其他习惯一样，也可以通过训练开发出来。一个人的人生是充实的还是悲惨的，是幸福的还是不幸的，完全取决于每个人自身的努力。每个人的选择可以让人生出现两种不同的结局，即只看事物光明的一面，获得幸福，或者只注重黑暗的一面，陷于不幸。因此，我们可以凭借自己的意志和努力，发掘培养出注重事物光明一面的性格。即使头顶上乌云密布，也要张开双眼，寻找云层背后的金色阳光。

这种乐观向上的人，以熠熠生辉的双眼快乐地面对生活中的所有场面。他们可以给冷漠的心灵送去温暖，给烦恼的人们送去安慰，给无知者以启蒙，给悲伤者以勇气，为才智增添光彩，为美丽的事物锦上添花。如果没有他们，我们就无法感受到人生的阳光，花儿也只能徒然开放，天地万物都会失去灵性，如同没有生命和灵魂的空壳。

开朗是比休息更有效的心灵"滋补剂"

乐观开朗的性格不仅为人生带来快乐，同时保护我们的性格免受伤害。有人问："如何才能战胜诱惑？"对此，一位现代作家回答说："第一是开朗，第二是开朗，第三还是开朗。"开朗是培育一个人最理想的沃土，它可以给心灵带来光明，使精神富有弹性。它还可以产生友爱，培养毅力，是孕育智慧的母体。

马歇尔·霍尔医生曾这样告诉他的患者说："世上最有效的滋补剂就是经常保持乐观开朗的心态。"所罗门也曾说过："乐观的心态就像人生的一服良药。"

乐观开朗的性格是最好的资本，它可以让我们心中永远充满灿烂的阳光，让灵魂奏响美妙的旋律。

乐观开朗如同休息一样，可以让疲倦的身体重新充满力量。相反，过多的烦恼和满腹牢骚只会不断削弱我们的气力，消耗我们的体力。

帕默斯顿勋爵就是一个很好的例子。他每天勤于工作直至人生的最后一刻。是什么力量让他能够如此精力旺盛地持续工作呢？就是因为他拥有沉着冷静的性格和永远乐观开朗的心态。这两者是通过一些好习惯自然形成的，即忍耐、不轻易接受他人的挑衅、坚持原则不退让、对恶语中伤不烦不恼、尽力避免狭隘心胸等。与帕默斯顿有近二十年交情的好友说："我只见他发过一次脾气。"

2. 尽情享受人生的方法

伟人大多数都是豁达开朗的人。他们从不奢求名誉、金钱和权力，满足于现状，享受着人生，感受着喜悦。他们总是忙于工作，而且对任何一份工作都感到快乐，所以他们才那么开朗，那么幸福。

拥有一颗善于应对各种烦恼与考验的"柔韧的心"

弥尔顿的一生中历尽无数的困苦和烦恼，依然保持着开朗柔韧的个性。在他双目失明的时候，好友背弃了他，眼前一片黑暗，周围充满恐怖。但悲惨的经历并没有使他丧失勇气和希望，而是让他竭尽全力地奋勇向前。

约翰逊博士在与残酷的命运搏斗中，始终没有丧失勇气和乐观的心态。他为了追求一种坚强而充实的人生，努力在任何境遇中发现快乐，获得满足。有一次，一位牧师对英国乡村社会的无趣表示不满，他说："这里的人们只知道谈论他们的牛仔。"一位妇人回应他说："如果是约翰逊博士的话，肯定会和我们一起谈论牛仔的。"约翰逊就是这样一个人，无论身处何地都会珍视周围的社会环境。

体会从厚厚的云层中发现阳光的快乐

约翰逊博士认为，随着年龄的增长，我们会越来越成熟，性格也会越来越温和。切斯特菲尔德勋爵也持有相同观点，他们都以积极乐观的眼光来看待人性。相反，有人则用冷漠讥讽的态度看待人生，认为"人心不会随着年龄的增长而向善，只会越来越顽固"。

这两种观点各有道理。从整体来看，每个人的一生都是由各自的性格来决定的。正直的人善于吸取经验教训，依靠自制能力，经过不断地磨炼而走向成熟；而性格怪僻的人，无论积累多少人生经验，都无法从中获取任何教训，最后只会变得越来越糟糕。

沃尔特·司各特爵士经常对人说："让我听听你开怀大笑时的声音吧！"他本人也是一个经常发出爽朗笑声的人。不管遇到谁，司各特都会亲切地与之交谈。因为他的名望，往往让人联想到威严与高傲冷漠，可是他那温暖的关怀，就像阵阵春风吹散了人们心中的各种猜测。

梅尔罗斯修道院[1]遗址的管理员在谈到欧文·华盛顿时说："他时常带着很多朋友来这里。每次他一到就喊我的名字，'琼尼，琼尼·鲍尔在哪儿？'我一听到就赶紧出去迎他。他总是开个玩笑或者说一些愉快的话语和我打招呼，然后就像对待朝夕相处的爱人一样，在我身边有说有笑的，简直不能相信他是一个那么有学问的人。"

锡德尼·史密斯的一生也告诉我们，开朗的性格可以赋予我们力量。史密斯只注重事物美好的一面，认为所有云层的背后都闪耀着金色的阳光。所以，无论是在乡村担任助理牧师，还是在教区任主教，他总是满怀温情地对待大家，树立了一种勤勉、坚韧的人生榜样。从日常生活的每一个细节里，我们都能看到他充满人情、和蔼可亲的举止和作为一个绅士的自豪。只要一有空闲，史密斯就立刻提笔，撰写拥护正义、自由、教育、宽容和解放的论文。他的文章中随处可见一些小常识和明快的幽默，但绝不庸俗。他从不计较名利。天生的乐观性格与旺盛的精力让他一生都能保持健康向上的精神状态。晚年的史密斯虽然多病缠身，但是，他在给友人的信中这样写道："我现在除了痛风、哮喘，还患有其他七种疾病，不过，除此以外我一切都好。"

不屈不挠、奋斗终生的天才们

伽利略、笛卡尔、牛顿、拉普拉斯等科学家，为人类社会留下了丰功伟绩，他们中的很多人都具有顽强的毅力和开朗的性格。

数学家欧拉，晚年时完全丧失了视力，却和以往一样依然保持开朗的心态。他不屈不挠地通过各种方式唤醒自己的记忆力，完成著述工作。他最开心的就是和孙子们在一起的时光。所以，即使研究工作非常辛苦，他依然抽出时间辅导孩子们学习。

《大不列颠百科全书》的第三任主编、爱丁堡大学的罗比森教授，也是长期因病痛而无法工作，可是他却在含饴弄孙之中得到了休息。他给拥有多项发明成果的机械工程师詹姆斯·瓦特写过一封信，信中说："这个小家伙一天一天的成长，以前我从来没有注意到，我发现一些人类的本能开始在他身上觉醒了。这样一直观察他，让我感到说不出来的快乐。孩子笨拙的动作、随心所欲的调皮模样简直就是奇迹。不管我是否愿意，他的一举一动都吸引了我的注意力。我真的感谢那些法国的理论家们让我因病休息，才使我能守护这孩子，并成为他生命的力量。唯一遗憾的是，我已经没有时间把幼儿能力的开发作为自己的研究课题了。"

3. 包容力可以让任何人都成为朋友

富有包容力、心智健全的人，都是心中充满希望、性格开朗的人。他们的开朗具有很强的感染力，让身边的人也变得开朗而有朝气。这种开朗源自爱心、希望和毅力。爱心可以唤醒爱心，可以产生仁慈；爱心是诚实而无私的奉献，是分辨善恶的标准；它不断地追求幸福，带来光明。爱心可以培育积极向上的思维方式，营造活泼开朗的氛围。爱心是无偿的，也是无价的。有爱心的人会祝福拥有爱的人，并在还没有获得爱的人的心田播下幸福的种子。甚至连悲伤都因为爱心而化为喜悦，泪水化作甘露。

种瓜得瓜，种豆得豆

边沁坚信："一个人为他人付出的越多，自己获得的幸福快乐也就越多。"一份关怀会唤醒另一份关怀。一个人如果能毫不吝啬地将爱心分与他人，那么他自己也会得到相应的幸福。亲切或冷酷的话语都不需要花费一分钱。但是，亲切的话语能让对方感到温暖，也能促使他们以友善回应。这种行善不是一时的，而是站在对方的立场上为对方着想的善意。这种善意才是人与人之间相处的真谛。诚然，有时候我们的善意如竹篮打水，既没有效果，也没有回报。但是，即便如此，我们也不能失去信心，要相信我们播撒的善意的种子，肯定会在他人的心田萌发出爱的精神，而且不久的将来，这些萌芽会渐渐成长，让每一个枝头都结满幸福的果实。

诗人罗杰斯曾问一个受人喜爱的女孩："为什么大家都那么喜欢你呢？"女孩回答说："我想一定是因为我也同样喜欢大家的缘故吧。"

这个故事说明了一个很普遍的意义，即我们的幸福大多取决于自己所爱的和爱自己的人有多少。无论你在社会上获得多么大的成功，如果不是对任何人都充满温暖的爱心，那么你绝对不能说是幸福的。

没有金钱和权力，只要有爱就足够

关怀是这个世界上最伟大的力量。李·亨特说："任何一种巨大的力量都不及关怀的一半。"爱可以支配一个人，而力量却不能完全做到。法国谚语云："用软功夫对付人"（Les hommes se prennent par la douceur），而英国谚语较为粗糙的说法是："黄蜂应该用蜂蜜而不是用醋来捕捉"（More wasps are caught by honey than by vinegar）。

关怀并不是施舍，是心胸宽广和仁爱的一种表现。有人愿意施人予钱财，却不愿付出真心的关怀。其实，用金钱表示关怀没有什么意义，有时候反而会伤害对方。只有发自真心的关怀和帮助，才会产生有意义的结果。

　　在关怀他人的言行中表现出来的良好品质，不能与优柔寡断、过于老实的性格混为一谈。关怀绝不是消极被动的，而是一种积极主动的行为，而且还可以产生共鸣。真正的关怀可以产生有利于现实的合理方法，而且关怀他人的精神可以促进未来人类的进步和幸福。

4. 敞开心灵之窗

自私、怀疑、任性等都是人生的"包袱"，尤其是年轻的时候不应该有这些性格倾向。自私自利的人与失去理智的人只有一纸之隔。他们整天只考虑自己，根本无法顾及他人。无论做任何事，都只顾自己的想法和利益，最后只能被狭隘的自我意识所支配。

没有人愿意帮助抱怨自己命运的人

最不可救药的就是成天牢骚满腹、只知道抱怨的家伙。他们从不想改变现状，总认为"干什么都没有用"，并且武断地认定"到处都是不毛之地"。他们这种人对现实社会几乎毫无用处，就像素质低劣的工人稍不如意就罢工一样，懒惰的人总是寻找各种理由抱怨社会。齿轮中吱吱嘎嘎叫得最响的一般都是最差的轮子。如果一个人总是抱怨不平，有时候会演变成一种病态心理。心灵扭曲的人其思维方式也会偏执，因此在他们的眼里，世界也变得很不正常。所有的原因就在于他们的心中充满了空虚与烦恼。

还有一种人是"以病为乐"的人。他们总是说"我头痛"、

"我腰痛"，不知不觉中就把这些病当成了自己珍贵的宝贝。这种人或许只是想博得人们的同情。他们知道对于这个社会来说，自己只是一个微不足道的存在，倘若不这样强调自己的痛苦，恐怕没有人会顾及自己。

你有没有被无端的"妄想"所束缚？

我们必须得注意那些小烦恼。因为有时候由于某些偶然因素，这些烦恼会被夸大，让我们感觉似乎遇到了天大的灾难。

其实，世上的许多灾难都是因为多虑和一些细小的痛苦造成的。在真正的痛苦和悲伤面前，这些都是微不足道的。然而，我们总觉得自己很可怜，心中希望获得些安慰。就这样，我们无端妄想出各种烦恼。其实，把烦恼变成快乐的方法就在触手可及的地方，我们却忘记了，于是只能听凭烦恼折磨自己，并关闭了通向光明世界的心灵之窗，让阴暗的空气包围着自己。这种习性会扭曲我们的人生，让我们变得牢骚满腹、脾气乖戾、缺乏关怀。张口就是自己的伤心事，缺乏宽容、同情和协调性，并且无端地认为大家都和自己一样。最终，心中装满了痛苦和悲哀，不仅无法关怀他人，就连自己也被这痛苦的绳索套住，无法动弹。另外，任性可以助长这种习性。岂止如此，很多场合下它就是任性，所以才对周围人没有一点同情心和关爱之情。虽然这种任性固执可以让人误入歧途，但其实只要多注意是可以避免的。

亚历山大大帝最宝贵的"财产"

　　保持开朗的心态，满怀对未来的希望，也就意味着要有耐心。这是人生获得幸福和成功的关键条件之一。哲学家泰勒斯曾说过："即使一无所有的人也拥有希望。"的确，希望是人类最普遍的财富，是拯救穷人的强大力量，所以也被称为"穷人的面包"。

　　对未来充满希望，可以鼓励并支持伟大的行动。亚历山大大帝继承马其顿王位时，把父亲留给他的大部分土地赠送给了朋友。有人问他："大王，你给自己留下了什么？"亚历山大大帝回答说："我拥有这个世界上最大的财产——希望。"

　　有形的遗产无论多么庞大，与希望带给我们的财富相比都会相形见绌。只要对未来充满希望，人们就会尽最大的努力，去面对各种考验。可以说，让世界跃动不止的，是精神的力量，能够凝聚所有力量的就是埃尔顿的鲁宾逊所言的"伟大的希望"。

　　正如拜伦大声疾呼的那样："如果没有希望，未来在哪里？只剩下地狱。希望现在在哪里？这是个愚蠢的问题，因为我们都知道现在是什么样子。那过去又是什么呢？过去是没能实现的希望。所以人类社会无论发展到任何阶段，最需要的就是希望、希望，还是希望。"

译　注

1. 梅尔罗斯修道院（Melrose Abbey）: 1136 年应苏格兰的大卫一世国王（King David I of Scotland）之请，由西多会僧侣建造。修道院的东部建筑于 1146 年完工，其后 50 年又增建了其他建筑。位于苏格兰博德斯行政区埃特里克–劳德代尔区小城镇。1545 年被英格兰人夷为平地，1822 年由苏格兰小说家司各特爵士（在附近有乡间别墅）主持复修，完工后隐修院的所有者巴克勒奇公爵将其赠给国家。苏格兰民族英雄罗伯特一世的心脏葬于隐修院圣坛。该镇因有此隐修院而日趋繁荣。

2. 埃尔顿的鲁滨逊（Robertson of Ellon，原名 James Robertson，1803-1860）: 苏格兰教会的教长和大学教授，在立法会中以雄健的辩才著称。1832 年因被委派处理埃尔顿镇（苏格兰阿伯丁郡的一个市镇）教士的薪俸，故被称为埃尔顿的鲁滨逊。

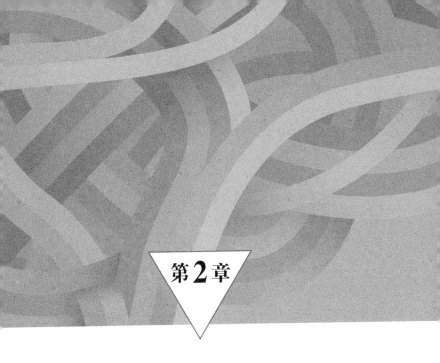

第2章

为使命而燃烧！
——你是否拥有自豪的人生

1. 如何获得强大的人生动力

世界上，人格是使人进步的最强大的动力之一。高尚的人格是人性最理想的状态，因为只有全力以赴努力奋斗的人才可能拥有高尚的人格。

无论什么人，只要勤劳、清廉，具有崇高的志向和坚定的信念，就会逐渐受到周围人们的尊重。我们非常自然地信任他们，并效仿他们。世上所有的正义因他们而弘扬光大。如果没有机会与他们相识，我们的人生将毫无意义。

非凡的才能总会得到人们的赞赏，但是高尚的人格更能赢得人们的尊敬。才能是智力的产物，而人格很大程度上来源于精神的力量。从长远来看，只有精神才能主宰我们的一生。天才凭借超人的智慧立足于社会，而人格高尚者则靠自己的良知傲然于世。天才只会得到人们的赞赏，而人格高尚者的一生是世人效仿的楷模。

人生真正的智慧体现在日常生活当中

伟大的人物都是一些与众不同的人。

其实，伟大本身只是一个相对而言的概念。我们大多数人由于受活动范围的限制，没有成为伟人的机会。但是，我们可以有效地发挥自己的才能，竭尽全力并出色地完成本职工作。

一个人如果渴望一生过得充实，就必须不遗余力地努力奋斗，并真诚对待每一件细微小事。另外还需要有正直、诚实、谦虚的态度，这是每个人都可以做到的。总之，我们每一个人都可以在自己所处的环境中，完成各自的人生使命。只有完成上天赋予我们的使命，我们才能更高层次、更具体地展现自己的人生，提升自己的人格。在这个过程中或许没有英雄式的壮丽华美，因为大多数人都是这样平凡度过每一天的。愿意接受赋予自己的使命，这种意识对于提高自己的积极性、处理好日常生活都有很大的帮助。

人生的核心就是履行最常见的平凡义务。在所有的美德当中，日常生活中所必须具备的品德是最具有影响力的。这些美德是永恒的，是最有价值的。而那些华而不实，超出普通水平的美德，只不过是诱惑和危险的根源。伯克曾一针见血地指出："凡是以华丽的美德为基础的人，必定很脆弱而不坚忍，易于堕落。"

我们在判断一个人的时候，与其根据他的社会角色，诸如作家、演说家、政治家等，还不如观察他对身边人的态度，以及如何看待日常生活中细小平凡的义务，这样应该可以得出更准确的结论。这种义务观念在处理最普通的日常琐事时是必需的，同时，这种义务观念也是人格高尚者的力量源泉。他们即使没有财产、土地、学问和权力，也拥有坚强的意志、诚实正直的品德以及尽职尽责的宽大胸怀。因此，努力并忠实履行义务的人，都能完成自己的人生使命，并塑造出良好的人格。即使只有高尚的人格，其他一无所有，他们也不逊色于头戴王冠、君临世界的王者，而且这种人绝对不在少数。

一知半解的学问和知识远远抵不上诚实的品德

知识方面的教养与纯洁而高尚的人格并没有必然的关系。《新约》中随处可见对心灵和精神的呼唤，但是却很少提及人类的知性。乔治·赫伯特曾说："只要有一点点诚实的品德，就能与学富五车相媲美。"他并不是轻视学问，而是强调学问必须与高尚的品德相结合。我们常常能看到一些有学问却没有道德的人。他们之中，有地位的人最终沦为学问的奴隶；没地位的人则恃才自傲，自以为是。不少人在艺术、文学、科学等领域获得了卓越成就，但是在诚实、美德、责任、正直等方面却相差甚远。

有一次，沃尔特·司各特出席了一个演讲会，会上有人发表意见说："文学方面的才能和成就最应该受到肯定和赞赏。"司各特反驳说："这简直是无稽之谈。如果刚才这种理论代表了真理，那么这个世界将变得多么贫乏！我读过很多的书，也与当代著名学者探讨过。我要对你说的是，那些贫穷并且没有受过教育的人发自内心的真情实感，远比《圣经》中的道理更让我为之动容。他们经受着各种痛苦与磨难，但依然镇定自如。他们谈及身边众多的亲友和左邻右舍时，那朴实无华的言语和道理让我钦佩不已。我们必须清楚地认识到，没有比培育一颗宽大丰富的心灵更重要的事情了。"

财富对培养高尚的人格没有意义。不仅如此，财富往往是人格扭曲和招致堕落的原因。财富与堕落、奢侈与不道德，彼此之间有着密切的关系。财富如果掌握在意志薄弱、缺乏自制、放任感情的人手中，只可能是一个充满诱惑的陷阱。也就是说，对人对己都有可能造成巨大的恶劣影响。

人格才是真正的财富，而且是最高尚的财富。拥有高尚的人格就可以获得善意的回报和众人的尊敬。对此投资的人也许未必就能获得利益，但是他们肯定能够获得尊敬。对世人最有影响的，就是那些具有勤奋、善良、美德的人。

爱比克泰德的"绝对幸福原则"

我们每个人都拥有朴实的人生目的。如果这个目的基于正确的自我评价和自我认识，确立于正确的原则上，那么对我们的一生都会有很大帮助。一旦拥有了明确的人生目的，我们就不会偏离正道，同时可以获得强大的动力，自由驾驭旺盛的行动力。

本杰明·拉迪亚德爵士曾经这样说过："我们没有必要全都成为有钱人或是伟人，也没有必要都接受高等教育，但是必须要做一个诚实的人。"除了诚实以外，我们还必须以坚定的信念作为人生的指引，坚持追求真理、正直和诚实，才能实现人生的目标。没有信念的人就像一个失去舵手和指南针的船，只能在大海中随波逐流。在他们看来，法律、规则、秩序和善恶不分、胡作非为没有任何区别。

爱比克泰德有一次接受了一个前往罗马的著名辩士的访问。这位辩士自称想跟他请教斯多葛学派的哲学。爱比克泰德一开始就怀疑辩士谦恭的态度肯定另有目的，于是就非常冷淡地对他说："你并不是诚心来请教的，而是来批判我的吧"。"随你怎么看。"辩士说，"如果都按你说的那样做，那么大家就会沦落为一个没有餐具、没有马车也没有土地的穷人。"爱比克泰德听了他的话回答说："我根本就不想要你所说的那些东西。首先，你现在就活得比我可怜得多。因为有没有人资助对我来说无所谓，但是对你来说就是大问题，所以说我比你要富有。我不在乎恺撒对我的态度，我也无须向任何人阿谀奉承。我所拥有的财富胜过你的那些金银餐具。你是拥有银质的水壶，可是你的信念、理性和追求真理的精神却是土做的。我的精神世界就是一个宽广富裕的王国，可以给我幸福满意的工作，不像你懒惰成性、无可救药。全世界的财富都给了你，你可能也不会满足；但是，我对自己的现状已经很知足了。你的欲望没有尽头；我的欲望却一直是得到了充分的满足。"

2. 人生的"万能通行证"

在这个世界上，才华横溢的人和天才一样并不多见，但是他们是否就值得我们信赖呢？除非他具有诚信的品德，否则是不值得我们信赖的。只有诚信才可以获得人们的尊敬和信任，诚信是人性所有美德的根本。诚信是通过一个人公正、表里如一的言行自然而然地展现出来的，它意味着信赖，就是让人们坚信"听他的没有错"。如果"这个人值得信赖、实事求是、说到做到"，就会获得大家的肯定。所以说，诚信是赢得尊敬与信任的"万能通行证"。

公正的"良知"胜过所有智慧

人一生中会遇到各种需要处理的事情和工作，这时候高尚的人格比才智有用，诚实善良的心灵要比聪明的头脑有效。即使是非凡的才能，也不如立足于自制、忍耐、公正的判断之上的信念。

若要使个人生活和社会活动都能顺利进行，最好掌握一种公正的良知。它来源于经验，出自善意，体现于智慧。

我们常常看到有种人既能最大限度地发挥自己的才智，又能对他人产生很大的影响力。这是因为他们充分发挥了一种潜在的自我控制能力。另外，他们的目的高尚而纯洁，从不将自己的想法强加于人。高尚的品格可能慢慢地才能得到肯定。但是，其真正的价值是无可置疑的。它们或被曲解、或被误解、或遭遇不幸、或身处逆境。但是，只要忍耐、努力，最终会赢得人们的尊敬和信任。

如何接近自己的理想目标

一个人的人格依赖于个人的适当调节和控制，是在处理各种琐事的过程中形成的。不管是好是坏，人格都会影响到你每一天的生活。如同纤细的头发也必定会留下影子一样，无论多么无聊琐碎的事情，你的行为中一定会有人格的影子。

行动、思想和感情对培养一个人的性格、习惯和判断力有一定的作用，而且对未来一生中的所有行动都会产生难以避免的影响。人格就是这样在不断地变化中成长，有可能积极向上，也有可能逐渐堕落。

作用力与反作用力相等的力学法则同样也适用于道德领域。慈善的行为对行为者自身也会产生作用与反作用。同样，恶劣的行为也不例外。不仅如此，他们的行为对后人也会产生某些影响。人类既不是环境的创造者，也不是环境的奴隶。我们可以通过自己意志的自由选择，多做善事，不做坏事。

圣伯尔纳这样说过："除了自己没有谁可以伤害我。这些伤害就来源于我自身一直存在着的缺点。这个世界上，没有任何烦恼比这些缺点更让我痛苦的了。"

总而言之，高尚的人格必须经过努力才能培养出来。它需要不断地自我审视、自我控制和修身养性。在这个过程中，可能会犹豫、跌倒和暂时的失败，有许多困难和诱惑必须面对和克服。只要有不屈不挠的精神和高尚的情操，最后一定能够取得胜利。也正是这种不断提高自己、追求进步的努力，带给我们勇气并激励我们前进。

以伟人为榜样固然不错，但不能只是向往崇拜，必须为达到同样的高度而努力。我们一定要成为这样一种人，即物质上不一定富裕，但是精神上一定要富有；可以不在乎社会上的虚名，但是一定要追求真正的荣誉；学识不一定渊博，但是道德一定要高尚；不能借助权力耀武扬威，一定要正直、诚实，并具有高尚的人格。

人格自然地体现在一个人的行为当中，而且在信念、正直和智慧的引导下不断地提高。在宗教、道德和理性的影响下，生动活泼地表现个人意志的人格是最理想的。具有这种人格的人，会慎重选择自己前进的道路。他们重视义务甚于名声，不被世间舆论左右，一切行动都出于良心。他们在尊重他人的人格的同时，也会保持自己的个性和独立性。当然这些行为并不是谁都可以做到的，还应该鼓足勇气贯彻自己的道德理念，坚信时间、先哲们的智慧和经验可以检验一切。

转动人生这部"水车"最有效的动力

尽管榜样的力量在我们人格的形成过程中可以产生很大的影响，但是最重要的还是我们精神中自然迸发出来的内在动力。它可以赋予我们自立的精神和活力，并带领我们沿着人生的道路不屈不挠地走下去。

伊丽莎白王朝的诗人丹尼尔这样说道："如果一个人不能经常超越自己，那么他将是多么可怜啊！"

人格的根基是意志力，主干是智慧。如果没有这两种坚实的力量，那么，我们的人生就会变得暧昧模糊，茫无目的。我们的人生就不是转动的水车中流出来的清澈的河水，而是浑浊的一潭死水。

当一个人胸怀坚定的意志，朝着远大的目标，发挥自己人格的力量时，就会意识到什么是自己的义务，就会不屈不挠地勇敢地去实现自己的目的。这时候，可以说他已经达到了人生的最高境界。他可以堂堂正正地向人们展示自己的人格，一个最理想的形象。他的行为会被后人不断地重复模仿。他的言语会铭刻在人们心中并促使人们付诸行动。马丁·路德就是这样的人。他所有关于宗教改革的言论都像嘹亮的号角响彻德国的大地上。正如里希特评价的那样："路德的言语就是战斗胜利的号角。"路德的人生已经渗透到德国的每一个角落，至今依然活在德国的国民精神之中。

一个人如果没有正直、善良的心灵，那么无论拥有多么大的力量都只能导致灾难。这种人可以说是上天派来专门毁灭地球、践踏世界的恶魔。然而，具有崇高的精神、充沛的精力、高尚的品格的人则截然不同。他们无论是在个人工作还是社会活动中都具有公正的判断力，并且遵循责任第一的原则。在家庭生活当中他们也是一样，从不虚假骗人。因为他们懂得经营家庭和治理国家同样都是以正义公平为基础，所以在任何方面包括言谈和举止，他们都以诚相待。即使是对反对自己的人，他们也能像对待比自己弱小的人一样宽宏大度。

谢里丹虽然缺乏先见之明，但却拥有一个宽广的胸怀，因此他从没有伤害过他人。有人评价他说："在激烈的辩论当中他所体现出来的智慧是：即使敏锐地抓住了对方的要害，也能始终保持沉稳的态度。他刺向对方的剑尖，总是蕴藏着一颗温暖的心。"

福克斯也具备同样的品格。他总是真心诚意地待人，将心比心，所以赢得了大家的尊敬。特别是关系到一个人的名誉时，他总会动恻隐之心，推己及人。关于他有这样一个故事。

有一天，一个商人拿着一张期票来找福克斯兑付。恰好这时福克斯正在清点现金，于是那个商人就要求福克斯用那些现金兑付。福克斯回答说："不行，这是谢里丹以名誉作担保借给我的。如果不还给他，他的名誉就全毁了。"那个商人说："那好吧，我也用名誉作担保吧。"说着就当着他的面撕毁了期票。看到这一情景，福克斯感到非常惭愧。于是他感谢这位商人对自己的信赖，并还清了借款。最后他说："谢里丹只好再等等了。因为我应该先还你的钱。"

内心的力量可以随年龄增长

人格高尚者，无论是工作，还是说话和行动，都以自己的良心为出发点。他们都非常虔诚，无论男性还是女性，都塑造了气度高雅、品格崇高的形象。他们注重历史的传承，敬仰具有崇高理想、纯洁理念和远大志向的历史伟人。同时他们也尊重心灵纯洁、勤奋努力的当代人。

虔诚的心对于个人、家庭和国家的幸福都是非常重要的。如果没有虔诚的心，这个世界上就没有信仰，那么人与人之间的信赖关系，人与神之间的信仰关系都不可能存在，更不要说社会的和平与进步了。虔诚的心也是连接人与人之间的纽带，并以宗教的形式把人与神联系在一起。

托马斯·奥弗伯里爵士说："具有崇高精神的人，可以将所有经历转换为经验，再结合于理性，最后付诸行动。他们的行动不带有任何企图，只为崇高的仁爱所驱动。他们珍视荣誉，蔑视耻辱；一贯坚持自己的理念，总是采取理智的行动。他们明白理性不是最高的法宝，命运必须自己掌握。为了追求崇高的真理，他们可以不惜付出一切。这种人就像太阳一样，指引着人们走正确的道路。他们以智者为友，恪守中庸，是拯救堕落者的良药。他们与时间同在。时光的流逝不会让他们衰老，只会使他们内心的力量逐渐强大。他们没有痛苦，而且愿意为他人排忧解难，任何人都是他们的朋友。"

3. 向具有强大吸引力的人们学习应该如何活着

活跃的意志力，是一种自发的活力，是伟大人格的灵魂。有了这种活力，人生就充满了朝气。没有这种活力，人就会变得懦弱、无助，灰心丧气。

有一句格言说："具有坚强意志的人和瀑布一样，都会为自己开辟前进的道路。"既有崇高的精神又充满活跃意志力的领袖人物，不仅会为自己开辟前进的道路，还会引导人们一同前进。他们的任何一个行为都体现出其人格的伟大，都充满了活力和独立自主、自力更生的精神，所以才能赢得人们的尊敬、赞赏和崇拜。路德、克伦威尔、华盛顿、小皮特和威灵顿等人都是杰出的领袖，都具有这种领袖风格。

杰出的领袖们都像磁石一样，吸引着与自己性情相近的人们。在拿破仑战争[1]中，战功显赫的约翰·穆尔爵士在众多将士中，慧眼发现了内皮尔三兄弟[2]的才能。内皮尔三兄弟也非常感激并敬慕穆尔。他们被穆尔虚怀若谷、心怀坦荡的态度以及勇敢的精神所折服，决意要"以穆尔为榜样，努力达到与其同样的高度"。

三兄弟之一的威廉·内皮尔后来成为一名外交官。他的传记

约翰·穆尔爵士拉科鲁尼亚之战阵亡版画，托马斯·萨瑟兰（Thomas Sutherland, 1785–1838）雕刻，威廉·希思（William Heath, 1794–1840）制版。

作者这样写道："我们兄弟三人在人格的形成过程中，受到穆尔很大的影响。穆尔能迅速发现我们三兄弟的优秀道德品质，本身就证明了穆尔在人格方面具有敏锐的洞察力和判断力。对于我们三兄弟而言，穆尔就是一位英雄。"

充满活力的行为具有感染力

充满活力的行为都具有感染力和传播力。弱者可以受到勇者的鼓励，见贤思齐、奋发向上。内皮尔曾讲述过这样一个故事。

在维拉城的一场战斗中，西班牙军队的主力开始溃败时，一个名叫哈维洛克的年轻军官一步冲到了众人的面前。他向自己的士兵挥舞着帽子，策马冲过法国军队坚固的堡垒，奋不顾身地杀进了敌军的阵营。西班牙军队见此情形士气大振，高呼着"跟着勇敢的人前进！"开始了反攻。转眼之间西班牙军队就击破了法军，赢得了胜利。

日常生活中也有这样的情形。德高望重的伟人身边总是聚集了许多仰慕他们的人。周围的每一个人会受到他的启发，并在他的影响下不断提高自己。可以说他就是一个"活着的慈善中心"。最好能让这些充满活力、正直高尚的人担任领导，这样他的下属无形中就会受到他的鼓舞。正如老皮特被任命为大臣后，政府机构里所有部门都被其卓越的人格所感化。同样，纳尔逊司令官手下的水兵们都曾被他的英雄气概所鼓舞。

当年，华盛顿答应出任总司令的时候，美军力量似乎猛增了一倍。后来，年事已高的华盛顿从第一线隐退下来，在芒特弗农安度晚年。1798年，法国试图向美国宣战。当时的美国总统亚当斯致信华盛顿，恳求道："如若承蒙惠准，我们万分想借用阁下的名义。阁下的威名，远远超过数万军队的力量"。

这件事充分说明了华盛顿总统的崇高品格和卓越能力在美国人民心目中是不可替代的。

伟人的一生可以鼓舞我们

有些人的伟业是在他离开了这个世界后才被承认的。恺撒遭到暗杀后，虽然他的尸骸已经老朽不堪，面目全非，可是却比他活着的时候显得更有生气，让人肃然起敬。他生前的错误与缺点都消失了，只留下一个充满人情味的恺撒。

同样的例子在历史以及寓言当中也可以看到。伟人的生涯就像是一座不朽的丰碑，昭示了人格的力量。伟人虽然离开了人世，但是他们的思想和言行会常驻在子孙后代的心中。他们的精神以各种思想意志为形式永远延续下去，影响着后人的品格。正是这些品格高尚的人为前进中的人们指引了正确的方向。他们就如同高山上的灯塔，照亮人类的道德世界，并激励着未来的每一代人。

人们尊敬崇拜这些伟人是理所当然的。因为他们把祖国视为最神圣的地方。他们不仅对同时代的人有影响，而且也帮助后人不断进步。他们的模范作用、丰功伟绩以及思想品德是整个人类最灿烂、最宝贵的遗产。他们高举道德的规范，维护人格的尊严，并用一生中最有价值的禀赋和传统充实我们的心灵，把过去和现在联系在一起，帮助我们达到未来的目标。

具体展现在思想与行为当中的人格是永不会消逝的。一个伟大的思想家，他所独创的思想即使是在数百年之后，依然根植于人们心中，并会不知不觉地渗透到人们的生活习惯中。他们的思想会跨越历史的长河，影响数千年之后的人们。

摩西、大卫、所罗门、柏拉图、苏格拉底、色诺芬、塞内加、西塞罗以及爱比克泰德，至今仍然在墓碑之下与我们对话。他们的思想无论被翻译成任何一种语言，被传递到任何一个时代，都依然吸引着人们，影响着后人的品格。

启蒙者的人生是最好的榜样

华盛顿留给美国最宝贵的财富就是清如明镜的模范人生。他那诚实、纯洁、崇高的人格，至今依然是后人学习的榜样。而且，华盛顿的伟大正如其他伟人一样，并不在于智慧、才能和老练的手腕，而源于其讲究信誉、高尚诚实的人品，以及强烈的责任感，是名副其实的高尚人格所表现出来的伟大。

正是这样的人才是祖国最宝贵的生命力，他们能够鼓舞国家的士气，激励民众不断向上，还可以赋予国家活力、发扬爱国主义精神。他们的模范人生和品格，给自己的祖国带来了无上的光荣。

有位著名的作家曾这样说过："伟人的名字，以及国民对他们的缅怀，都是上天赐予这个国家的礼物。无论任何人都无法从国家手中攫取这一神圣的遗产继承权。当整个国家充满活力的时候，逝去的英雄们会在人民的记忆中复活，像生前一样守护并鼓舞着民众。有这样出色的历史证人，国家就不会灭亡。无论生前还是死后，这些伟人都是人民的启蒙者，指引着后人沿着他们的足迹，继承他们的事业。他们作为人生的典范，永远激励和鼓舞着正直的民众。"

4. 倾听良心的"声音"

我们在履行自身的职责时，良心总会体现在行动中。如果没有良心的操控，无论多么出色的理性，都会误入歧途。

良心让人自立，意志则培养人正直。良心主宰我们的精神，让我们端正行为、思维、信仰和生活方式。只有受到良心强有力的影响，高尚的人格才会绽放出美丽的花朵。但是，如果没有坚强的意志，良心也不会发挥有效作用。任何人都可以按照自己的意志自由选择正义或邪恶。但是，假如不立即付诸行动，那么任何一种选择就毫无意义。

一个人只要拥有很强的责任感，而且行动果敢，那么他的良心就会支持他的意志，促使他沿着自己的人生道路勇往直前。任何艰难困苦，都不可能阻挠他实现自己的人生目标。即使以失败而告终，他也有一种满足感。

努力生活就意味着精神饱满地去奋斗。人生就是一场勇敢的战斗。每个人都必须在崇高的气节和高昂的斗志的鼓舞下，坚守自己的阵地。必要的时候，甚至可以不惜牺牲自己的生命。正如古代丹麦英雄一样，应该"以坚强的意志凛然接受挑战，为履行自己的职责毫不退缩"。

锻炼意志，摆脱恶习

意志软弱和优柔寡断往往是人们履行职责时的障碍。每个人都有良心，可以辨别是非善恶，同时也难以摆脱懒惰、自私、贪图享乐、纵欲的天性。意志薄弱的人往往在这两者之间徘徊，犹豫不决。当他们心灵失去平衡的时候，就开始偏向其中一个方面。在这种消极被动的状态下，原本影响力并不大的利己之心和欲望就会逐渐占据主导地位，导致人性泯灭，个性褪色，人格堕落，最终变成了自己感情的奴隶。

可是，如果能在良心的指导下发挥意志的力量，压抑低俗的冲动，就能达到道德修炼中最基本的要求。这也是培育理想人格绝对不可欠缺的。因此，要养成与人为善的好习惯，克服欲望和与生俱来的利己之心，需要长期的艰苦修炼。一旦养成了履行职责的习惯，就不会感到痛苦了。

勇敢的人可以在坚定信念的支持下，发挥自己的意志力，不断地刻苦修炼，直至养成与人为善的好习惯。相反，那些意志薄弱的人，放任自己，为所欲为，以至于染上不道德的行为习惯。最终，被浑身的恶习紧紧地束缚住。

脚踏实地地追求完美的幸福

一个人只有发挥自己的意志，才能不断地强化意志。要想站稳脚跟，就不能依赖别人，只有靠自己的勤奋努力。每一个人都是自己的主人，主宰着自己的行为。

斯多葛学派的哲学家爱比克泰德为我们留下了许多名言，其中有这样一句："我们无法选择自己在人生中扮演的角色，唯一能做的就是演好自己的角色。奴隶和执政官一样，都可以获得自由。自由是世界上最珍贵的幸福。任何东西与自由相比，都显得微不足道，并且都毫无意义；有了自由，可以放弃一切；没有自由，绝对难成一事……你可以告诉那些不思觉悟、不知羞耻，却还盲目寻找幸福的人们，他们永远都找不到幸福。因为强大的力量不是幸福，财富也不会带来幸福，权力更是与幸福无关。即使同时具备实力、财富和权力，也不等于幸福。幸福就在我们的心里，是真正的自由，是克服恐惧的力量，是完美的自我控制能力。假如你能够感受到内心的和平与满足，即使遭遇到贫困、疾病和流浪，甚至死亡，你也能体会得到幸福。"

5. 使命感可以让一个普通人成为伟人

履行自身义务的责任感是勇敢者力量的源泉。它可以为勇敢者指引正确的方向，并赋予他们力量。

公元前一世纪，庞培将军在暴风雨来临之际毅然决定乘船前往罗马。朋友们都劝阻他不要冒险，可是他却回答说："我必须立刻出发，即使牺牲生命也在所不惜"。对于庞培而言，只要是他认为应该做的事情，即使充满危险和阻碍，也一定要完成。

坚持自己的初衷，不在乎一时的评价

第一任美国总统华盛顿一生的精神动力都来源于他的使命感。他的性格里有一种领袖般的威严，这种威严促成了他坚定、细致而顽强的个性。华盛顿一旦意识到自己的职责，无论多么危险，他都会出色地完成。他并不是为了名声，也不是为了荣誉，更不是为了赢得人们的赞扬和报酬。他的脑海里只有一个信念，就是全力以赴地履行自己的职责。

华盛顿还是一个非常谦虚的人。独立战争爆发后，他被推举为美国军队的最高司令官，可是他再三辞谢。最后实在推辞不掉，才只好答应。华盛顿深知这个职位责任重大，祖国的命运很

可能就掌握在自己的手中。他说："为了不辜负大家对我的信任，今天在此我真挚地向各位说明，我并不认为自己有足够的能力担当这一崇高的职务。"

华盛顿作为最高司令官，后来又就任了美国总统。无论任何时候，他都毅然履行自己的职责，坚持清正廉洁的作风。他从不在意人们对他的评价，也不在乎各种舆论和恶意的诽谤，始终如一地坚持自己的初衷。就任美国总统期间，在是否应该批准杰伊与英国签订和平条约的问题上，华盛顿遭到了许多人的反对。可是，华盛顿考虑到祖国的荣誉和自己的职责，不顾一切阻力，最终批准了这项条约。为此他受到来自众人的猛烈抨击，人气骤然扫地，甚至还遭到民众投掷石块。但他并不屈服，恪守职责，拒绝了各地的上诉和抗议，毅然促使条约生效。在答复抗议者时，华盛顿这样说："我深深地感谢那些支持我的人。为了报答大家的好意，我只能凭着自己的良心工作"。

一个在有限的生命中活出精彩人生的男子汉

已故的爱丁堡大学乔治·威尔逊[3]教授具备勇敢、开朗、勤奋的精神，他的一生可以说是恪守职责、正直诚实、勤奋努力的典范。

威尔逊年少时期是一个体弱多病，但却十分活泼开朗的孩子。青春期过后，他的身上出现了一些疾病的征兆。十七岁那年，他患上了失眠和忧郁症，为此他痛苦不堪。当时他对一位朋友说："我好像活不了多久了。今后我恐怕只能借助精神的力量，而不是体力了。"真难以相信这是一位十七岁少年的内心独白。正如他所说得那样，在身体的健康方面，他始终没有获得"决一胜负的机会"。后来他一直投入到脑力劳动，即学术研究中。

一次，在苏格兰一个小镇的郊外，威尔逊进行强行军训练。途中他的一条腿受伤，几乎难以站立，但他还是坚持回到了家里。后来才发现膝关节脓肿，难以忍受的剧烈疼痛使他不得不截断了右腿。即便如此，他丝毫没有耽误工作，一如既往地坚持写作和授课。不久，他又患上了风湿病和严重的眼病，后来连字都写不成，只得口述备课的内容，请妹妹记录。疼痛使他日夜不得安宁，只有借助吗啡才能入睡。就在他快要耗尽所有的体力时，他又患上了肺病，真是雪上加霜。但是，他依然坚持每周给爱丁堡技术学校[4]的学生们讲课，从未缺席。其实给众多学生讲课非常不利于他的健康。每次下课后，威尔逊都精疲力竭回到家中，一边扔掉外套一边说："今天，我的棺材上又多钉上了一枚铁钉"。

二十七岁的时候，威尔逊身患多种疾病，他习惯地称这些疾病为"心中的密友"。他依然每周要花十多个小时甚至更多时间授课。这时候，威尔逊已经感觉到死亡的阴影，于是就把有限的时间全部投入到工作中。他在给朋友的书信中这样写道："如果有一天早晨你突然接到我的死讯，千万不必惊讶。"虽然这么说，但他并没有一点伤感的情绪，仿佛有使不完的劲，每天心情愉快、充满希望地坚持工作。

面对病痛，威尔逊既不烦恼，也不急躁，更不会冲动。相反，他一直以乐观开朗的情绪和不屈不挠的精神顽强地与病魔抗争。尽管遭遇了一次又一次的灾难，他的心灵依然平静如水。他的身上仿佛凝聚了几十个人的力量，精力充沛地完成每一天的工作。

威尔逊知道自己的时间不多了。他最担心的就是，如果家人知道了他的病情，一定会悲痛欲绝，所以他只能隐瞒病情。他说："我在任何人面前都要显得乐观开朗，虽然死神在一步一步地靠近我，我一定要全力以赴，直到生命的最后一刻。"

因疾病的发作，威尔逊曾数次徘徊在死亡线上，就在这个时候，他被任命为苏格兰工业博物馆[5]馆长。从那以后，他把自己所有的精力都倾注在这个工作上。无论是精神上还是肉体上，他都不曾休息片刻，"在工作中迎接死亡"是他的理想。

肺部和胃部出血、失眠、难以忍受的疼痛无时无刻不在折磨他，但他依然坚持授课，并为主日学校撰写演讲稿，同时著成了

《爱德华·福布斯的一生》。他曾这样写道："职责对我而言重于泰山，无论做任何事，我首先想到的就是这个词。"正如他所说的那样，只要身上还有一丝力气，他都不会停止工作。

1859年秋季的一天，他像往常一样在爱丁堡大学讲完课后，突然感到胸部一阵剧烈的疼痛。回到家中，立刻请医生来诊断，结果是肺炎引起的胸膜炎。他那虚弱不堪的身体再也无力抵抗疾病。几天之后，他终于倒下去，进入了他渴望已久的安宁的睡眠。

译　注

1. 拿破仑战争（Napoleonic Wars）：拿破仑称帝统治法国期间（1803-1815年）与敌对联盟之间爆发的各场战事，这些战斗可说是自1789年法国大革命所引发的战争的延续。它促使了欧洲的军队和火炮发生重大变革，特别是军事制度。因为实施全民征兵制，使得战争规模庞大，史无前例。

2. 内皮尔三兄弟：老大查尔斯·内皮尔爵士（Sir Charles Napier, 1782-1853）：1794年入伍，在半岛战役中受伤，差点阵亡。被法军的鼓手救下战场，当了俘虏。但回到英军中，还是被授予了勋章。1842 年奉调前往印度指挥对信德省（现为巴基斯坦的一部分）的战争，成为驻印英军总司令。老二威廉·内皮尔爵士（Sir William Napier, 1785-1860）：英国将军和历史学家，曾在西班牙和葡萄牙参加半岛战争。所著 6 卷本《半岛战争史》(1828-1840 年）, 由于文笔有力，战争场面很生动，受到普遍的赞扬。老三乔治·内皮尔爵士（Sir George Napier, 1784-1855）: 1800 年参军。半岛战役中是约翰·穆尔爵士和威灵顿公爵麾下的一员大将，在一次冲锋中失去了右臂。他的自传《G.T. 内皮尔爵士的早期从军生涯》于 1885 年由其子 W.C.E. 内皮尔将军出版。

3. 乔治·威尔逊（George Wilson, 1818-1859）：爱丁堡大学技术学教授。1845 年当选为爱丁堡皇家学会会员。1855-1857 年担任苏格兰皇家艺术学会会长。1855 年苏格兰工业博物馆成立之际，被任命为首任馆长。他雇佣移居国外的苏格兰人从世界各地寄回标本充实博物馆的收藏，并在馆内举办了多次公共演讲。尽管身体欠佳，但他在馆长的职位上做了四年直至去世。

4. 爱丁堡技术学校（Edinburgh School of Arts）：成立于 1821 年 10 月 16 日，是英国第一家技术培训机构。该校的创立是由于当时急需培训大量科学和技术方面的熟练工人。创立者是地质学家伦纳德·霍纳（Leonard Horner, 1785-1864）。

5. 苏格兰工业博物馆（Scottish Industrial Museum）：成立于 1854年，1864 年更名为爱丁堡科学和艺术博物馆（Edinburgh Museum of Science and Art），1904 年改为苏格兰皇家博物馆（Royal Scottish Museum），1997 年再改为皇家博物馆（Royal Museum）。公众对 19世纪工业成就与日俱增的兴趣以及维多利亚时代的教育理想推动了该馆的建立，该馆的收藏和研究与爱丁堡大学的收藏和教学息息相关。

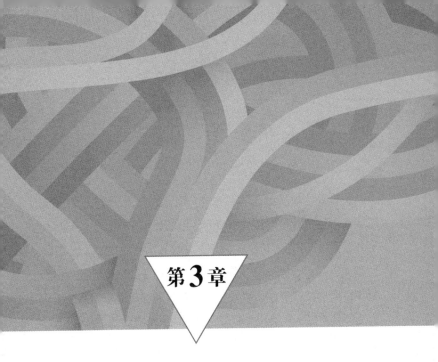

第3章

全身心地投入工作
——你是否每天都在努力工作？
是否有所收获？

1. 精通一行，万事皆通

工作是培养行动能力最好的方式。通过工作我们可以培养出服从命令、自我控制、集中精力、学以致用和坚韧不拔的精神。另外，通过工作我们不仅可以熟练掌握各门专业技术，还可以学到迅速、妥善处理日常事务的本领。工作使我们不断进步发展，是生存所必须遵守的原则。虽然大多数人都是迫于生活而工作，但为了使有限的生命更加精彩，所有的人都应该从事某种形式的工作。

当然，工作可能是一种重负，甚至可能是一种惩罚，但是工作也带给我们自豪和荣誉。没有工作就谈不上任何成就。一个人的才能必须通过工作才能体现出来。人类文明是劳动的产物。假如有一天亚当的子孙[1]放弃工作，那么人类就因道德沦丧而迅速绝种消亡。

懒惰是可怕的瘟疫

懒惰，即好逸恶劳，是人类的灾难。就像铁锈腐蚀铁器一样，怠惰也会腐蚀一个人和整个社会。亚历山大大帝征服波斯后，目睹了这个国家的民众生活。他不禁感慨道："他们似乎根本不知道，没有比贪图享乐更卑贱的生活，也没有比勤奋劳动更令人崇尚的了。"

当英国还属于古罗马的一个省时，塞维鲁皇帝在约克的格兰扁山脚下不幸倒下。他奄奄一息躺在草垫上，给部下留下了最后一句话："要努力劳作"（Laboremus）。遵照塞维鲁的遗嘱，罗马军官们奋勇拼杀，屡建战功，一直保持着高昂的士气和威望。

当时的意大利人认为平凡的田园生活是最理想的生活方式。老普林尼记述道："凯旋的罗马军官们非常高兴地与部下一起解甲归田。即使是将军也必须下地亲自耕作。这些农夫们手握带着桂冠的锄头，满脸映出胜利的辉煌，在土地上辛勤地耕作。土地肯定也为之喜悦。"

可是，随着生产领域开始大量使用奴隶，罗马人逐渐产生出"劳动是可耻的，是盲目顺从他人的行为"等轻视劳动的思想。当统治阶层开始沉湎于纸醉金迷的奢侈生活时，罗马帝国的崩溃也就不远了。

忙碌的人不会抑郁

无论是未开化的野蛮人，还是残酷的统治者都具有懒惰的特性。只要是人，谁都期望不劳而获。这个愿望可以说是各种人性的共同特点。所以，詹姆斯·穆勒认为："政治之所以存在，就是为了防止因懒惰而导致整个社会利益受到侵害"。

懒惰不仅使个人堕落，而且使整个国力下降。懒惰的人从未得到过社会的认可，今后也永远不会。他们不愿面对困难，甚至连一座小山丘都懒得爬。这种人不断地重复失败，最后一事无成。而且，他们整天愁眉苦脸、怨天尤人，故作可怜，对于社会而言简直就是累赘。

伯顿写了一部独特而有趣的书。据说为了读这部书，塞缪尔·约翰逊每天都比平时早起两个小时。伯顿的书中有这样一段话："造成抑郁的原因就是无所事事。终日无所事事是精神和肉体的致命毒药，是滋生邪恶的温床，是万恶之源，是七宗罪之一。恶魔与它臭味相投。正如肮脏的皮毛会导致皮肤病一样，懒惰成性的人最终会病入膏肓，无可救药。"

防止身心生锈的最好方法

伯顿还说："精神空虚要比肉体懒惰更可怕。一个人头脑聪明却不工作，本身就是一种恶疾，是腐蚀精神的铁锈，是罪恶的地狱。就像一潭死水中肆意泛滥的蛆虫一样，懒惰者的头脑中充斥着腐败而又丑恶的思想。他们的灵魂最终会被恶魔俘虏。我们可以大胆地设想一下：一个懒惰的人，无论贫富贵贱，即使得到了他奢求的所有东西和幸福，如果惰性不改，就永远都不会满足，他的身心永远处于病态当中，并会因此而疲惫不堪，烦躁不满，哭泣叹息，抱怨不幸，而且还会一直疑神疑鬼，找碴闹事。他希望逃离目前的环境，进入自己幻想的世界，甚至想到以死来逃避现实。"伯顿在该书的最后部分总结道："不要向孤独与懒惰妥协！不要孤独地活着，更不要偷懒。我希望心地善良的人能从这句话中领悟到幸福的真谛，精神颓废的人能从中找到恢复身心健康的良药。"

懒惰消耗你的精神

惰性有的时候并不指所有方面都懒惰。有种人身体懒得动，但却爱动脑子想一些歪门邪道。正如田里不种谷物，肯定会长满野草一样，这种懒惰者的人生之路荆棘满地。只有有效地把脑力劳动和体力劳动结合起来，才能获得真正的幸福。劳动可以带给你健康、活力与快乐，而懒惰只会使你失去这些。尽管工作可能导致精神疲惫或者内心烦恼，但是懒惰更消耗一个人的精神能量。所以，一位高明的医生认为："工作是治疗病痛最好的方法"。

马歇尔·霍尔医生曾警告人们说："对人危害最大的便是空闲无聊。"美因兹的一位主教[2]常说："人心就像一个石磨，放入麦子后，才会磨出面粉。不放麦子，它只会空转磨损自己。"

勤奋工作之后的休憩最快乐

懒惰的人不愿劳动,但是会找出各种借口为自己辩解。他们总是说"路上会遇到狮子""那座山太陡了""我试过了,没用。不想干了,都是白费劲"。"不劳而获"的思想其实是内心脆弱的一种表现。只有付出代价,才能获得有价值的东西。这也是培养行动能力的秘诀。如果没有付出劳动,就不可能从内心深处享受休憩的快乐。因为不劳动就没有资格休息。

工作随处都有。工作之后,人们当然期待休息。可是,只休息不工作,其实和吃多了山珍海味一样,不知道什么好吃。没有工作,或是有工作也不认真对待的懒惰者,无论贫富,都只能虚度一生。

一个从不知道自尊自爱的四十岁男子,曾八次被关进法国布尔日的监狱。他的右手臂上有这样一句刺青:过去欺骗了我,现在折磨着我,将来会吓坏我(Le Passé m'a trompé, Le Présent me tourmente, L'Avenir m'épouvante)。这句话恐怕是世上所有好逸恶劳者的座右铭。

苦难要克服,工作要彻底

斯坦利勋爵(即后来的第十五世德比伯爵),访问格拉斯哥时曾说过:"一个人如果没有工作,不管他多么善良,多么受人尊敬，我相信他不会获得真正的幸福。工作就是我们的人生，让我听听你能干什么，我就能告诉你，你所拥有的实力"。

一个人热爱自己的工作，就可以抵御低级、庸俗趣味的诱惑，而且还可以消除自私自利的烦恼和焦虑。有很多人认为，只有躲进个人世界里，才能摆脱困难与苦恼，才能保护自己。也有许多人曾这样试过，结果都证明人是不可能躲避苦难与劳动的。这两者都是人类不可抗拒的宿命。害怕面对困难的人，终究会意识到困难总是不请自来。懒惰者总想偷懒，只挑一些简单轻松的工作。可是，上天公平地对待每个人，看似轻松的工作反而难度更大，要花更多的时间。

只顾自己享乐的人，迟早会领教到现实的残酷。逃避责任的懦夫，也会遭到惩罚。心胸狭隘的人，把针尖大的一点事当作重大问题。本来，精神的力量可以有效地促使人生更有意义，可是懒惰者的精神力量则被他们不断臆想出来的无聊的烦恼白白地消耗掉。

我们应该坚持从事一项有意义的工作，哪怕这份工作带给我们的乐趣并不多。因为不工作就无法体味到获得报酬时的喜悦。沃尔特·司各特说："工作的人会睡得很香，并且醒来的时候也会感到非常舒心。若想尽情享受闲暇时光，无论是做学问，还是从事非义务性的工作，总之一定要有工作后的踏实感才行。"

现实生活中确实有人因劳累过度而死亡。但是，更多的人则死于随心所欲、好逸恶劳。死于劳累过度的人多是因为忽视了健康管理，没有养成良好的生活规律。

不劳者不得食

一个人寿命的长短不能用岁数来衡量，应该以他的所作所为和思想为标准。做的工作越有益，思考的就越多，获得的感动也越丰富。这样的人生才充实，才有意义。而那些整日无所事事的懒汉，不管活得时间多长，也只是虚度年华而已。

早期的基督教传教士们常常以身作则参加劳动，以激发人们的劳动热情。圣保罗主张"不劳者不得食"，教育人们不要给别人增添麻烦，要用自己的双手自食其力。

圣卜尼法斯到达不列颠的时候，他一手拿着《福音书》，一手拿着做木匠时用的尺子。后来当他去德国的时候，他已经掌握了一门建筑手艺。马丁·路德也做过花匠、木匠、车工、钟表匠等，而且无论做任何工作，他都非常勤奋，一直靠自己的双手获取每天的食物。

拿破仑每次去参观高超的制造工艺，总是在离开时对技术人员深深地鞠躬，以此表达他的敬意。流放到圣赫勒拿岛后，有一天，拿破仑正与一位贵妇散步，迎面走来一帮扛着货物的男仆。

那位贵妇怒气冲冲地命令他们让路，拿破仑却提醒她说："夫人，他们在搬运很重的货物呢。"不管你从事多么卑微、肮脏的工作，只要为整个社会的幸福做出了贡献，就值得我们尊敬。

摆脱无聊与空虚的秘诀

中国有个皇帝留下了这样的名言："一夫不耕，天下必受其饥者；一妇不织，天下必受其寒者。"[3] 持续从事一项有意义的工作，对于男性也好女性也好，都是获得幸福的首要条件。不工作的女性容易感到头昏眼花、精神混乱、倦怠懒散和四肢无力。

卡洛琳·佩尔特斯曾提醒刚出嫁的女儿路易莎，千万不能向懒惰和无聊低头。她说："休息日当孩子们都出门后，我也不知道干什么好，就像白天的猫头鹰一样昏昏沉沉、无精打采。你们这些年轻的主妇千万不要陷入这种状态。最好的办法就是努力工作，不管从事什么工作，只要全力以赴地去做。你爷爷说得对，懒惰是恶魔设下的陷阱。"所以说，不断地从事有意义的工作，可以使身心都得到健康。

工作是最健康的精神食粮

懒惰者总是不思进取，往往虚度一生。即使天性善良，在道德和精神方面没有堕落，也会因懒惰成性而无法自拔。相反，精力充沛的人可以给周围的人带来活力与快乐。

即使是单调乏味的工作也比无所事事有意义。查尔斯·兰姆曾在东印度公司从事单调乏味的案头工作。当他终于从中解脱出来的时候，感到无比的快乐。他说："即使给我一万英镑，我也不打算在那个牢狱中再生活十年了。"他满怀欣喜地给伯纳德·巴顿写信说："我几乎无法静下心来写信。我自由了！像风一样自由了。我能再多活五十年呢……如果可以的话，我非常愿意与你分享我的闲暇时光！我敢断言：人最幸福的就是什么也不干，其次才是好的工作。"

后来，漫长而无聊的两年时间过去了。兰姆的想法完全改变了。现在他才发觉那份单调乏味的事务性工作其实对他的身体是非常有益的。以前时间是他的朋友，现在却成了他的敌人。他又写信给伯纳德·巴顿说："无所事事比劳累过度更让人难受。我的精神已成为最不健康的食物，在毒害我自已。我对世上的所有事物都失去了兴趣……上天不会解救对人生绝望的人。我现在唯一能做的就是散步，但走多了又会疲惫。我成了谋害时间的凶残杀手，却没有人告诉我该怎么办。"

艺不压人

沃尔特·司各特是个不知疲倦的勤劳者。没有人比他注意到

"勤奋在实际生活中的重要性"。司各特教育自己的孩子要勤奋，因为勤奋既对社会有益，又会给自己带来幸福。

他给在寄宿学校读书的儿子查尔斯写信说："你可能还没有完全明白，劳动其实是上天与每一个人签订的合同。无论是农夫用汗水换取面包，还是富人为了摆脱倦怠而参加娱乐，不努力就得不到有价值的东西。一分耕耘一分收获，不勤奋努力就不会真正获得知识。当然，种田与获取知识实际上是有很大差别的。比如，由于条件或环境的变化，播种的人并不一定能够收获粮食。但是，通过勤奋学习获得的知识，却是任何灾难、任何人都无法剥夺的。自己获得的丰富知识，只有自己才能享用。所以，你一定要全力以赴，一定要有效地利用时间。年轻人头脑灵活，真诚坦率，容易习得知识。所以绝对不能偷懒。要知道：少壮不努力，老大徒伤悲啊。"

2. 实干精神让人生更充实

一个人的座右铭往往能反映出这个人的人格。沃尔特·司各特的座右铭是"绝不无所事事"（Never to be doing nothing）。历史学家罗伯逊早在十五岁时就选用了这样一个座右铭：没有学习的人生就是死亡（Vita sine literis mors est）。法国思想家伏尔泰的座右铭是"人生须勤于工作"（Toujours au travail），而博物学家拉塞佩德最喜欢的格言则是"活着就是为了观察"（Vivre，c'est veiller）。

工作也是一位老师，可以帮助我们塑造人格。虽然有时工作没有带来形式上的结果，但是付出了劳动是不容怀疑的事实，总比游手好闲要强。至少可以提高我们的素质，为将来的成功做好准备。

热爱劳动的习惯让我们明白如何有组织地应对各种事物，而且让我们意识到时间的重要性，另外还教授我们有计划、有效率的工作方法。一旦我们通过实践，找到了自己愿意为之奉献一生的工作，那么就会珍惜生命中的每一分每一秒。这样工作之后的休息，就会带给我们无与伦比的享受。

能干的主妇肯定也是精干的事务管理者

柯尔律治说过一番很有道理的话："如果说懒惰者是浪费时间，那么勤劳者则可以赋予时间生命与道德观念。勤劳者能够合理安排时间，把自己的灵魂融入时间里，使稍纵即逝的时间拥有永恒的精神。假如能够这样掌握、利用时间和精力，那么我们就是时间的主人，时间就是我们忠实顺从的仆人，我们不会被时间牵着鼻子走。岁月会把我们一生中每一阶段所履行的职责都记录下来，即使整个世界灭亡了，我们的所作所为也不会消失，不仅如此，即使时间本身也不存在了，它依然存在。"

将全部精力都投入到工作中，可以有效地提高我们的组织管理能力，而且对培养人格也非常重要。因为工作中所必需的能力，都可在日常事务中，通过与他人的积极接触得到不断提升。这里的工作既包括日常家务，也包括国家政务。

一位能干的主妇必定是一位精干的事务管理者。她必须管理好家中的各种大小事务，精打细算，并按照自己的原则处理所有家务。高效率的家庭管理意味着主妇必须具备勤奋努力、组织能力、道德培养能力、谨慎、远见、事务处理能力、洞察力以及领导才干。这些也是从事其他任何一种工作的必备能力。

要想成为杰出的实干家必须终生锻打

实干能力在众多领域都有用武之地，它是指迅速、灵活并且妥善处理日常事务的能力。无论是管理家庭、经营企业，还是做生意或是搞贸易，甚至国家政务都需要这种能力。

我们应该有意识地训练自己迅速处理各种问题的能力。这些训练在实际生活中最有用，而且是培养高尚品格的最好方式。因为在训练过程中，我们的各种能力都会得到提高，包括勤奋努力、注意力、理解力、判断力、灵活能力、自我控制能力以及同情心，等等。重复这种训练，远比提高文学修养和潜心哲学思考更能够充实人生并获得幸福。从长远的观点来看，一个人的实干能力可以把他的才智、性情以及习惯都转化为才能。当然，只有通过不断地细心观察、积累经验，才可以实现这种转化。特罗许元帅说："若想成为一个手艺高超的铁匠，就必须一辈子锤炼；若想成为一名优秀的管理人员，必须一生钻研业务并勇于实践。"

沃尔特·司各特有一个特点，就是非常敬重那些出色的实干者。他曾断言："即使是一流的领袖，拥有高深的文学造诣也比不上拥有卓越的实干能力。"

华盛顿就是一位精力充沛的实干家。早在少年时代，他就努力培养自己专心致志、勤奋学习、工作条理清晰的好习惯。他的笔记至今依然保存完好。从中我们看到，年仅十三岁的华盛顿主动、认真地抄写了很多收据、期票、汇票、契约、债券、租赁合同、土地证等枯燥乏味的文件。从小养成的这些良好习惯，使他拥有了惊人的事务处理能力，为他以后处理复杂的政治问题奠定了基础。

发挥自己的业务能力并取得杰出成就的人，无论男女都值得表彰。他们毫不逊色有名的画家、多产的作家和得胜的将军。他们也面对许多困难、经过艰苦奋斗才赢得了胜利。当然，他们的战斗是和平的，没有刀光剑影。

有人认为天才肯定厌恶繁琐的工作。其实，这是一个非常错误的观点。伟大的天才无一例外地都从事过非常繁琐的工作。他们比一般人更能吃苦耐劳，而且把最出色的才能和最大的热情全部投入到工作中。任何流芳百世的作品都不是一朝一夕就能完成的。只有不屈不挠地努力、坚持不懈地奋斗，天才们才能创造出传世的杰作。

勤劳的人才是世界的主宰

力量只属于勤劳的人，无所事事的人总是软弱无能。勤劳的人才是世界的主宰。即使身份高贵，也要通过勤奋工作才能成为政治家。就连路易十四[4]都说过："国王只有努力工作才能治理国家。"

坚持工作，体验多种劳动，通过处理各种事务加强人际交往，这样，无论任何时代，人们都能坚定信念，充满活力。通过各种锻炼培养出来的事务处理能力，无论是政治、文学、科学，还是美术，在任何一种工作中都能发挥作用。许多优秀的文学作品，都出自有敬业精神的人。无论从事何种职业，勤奋努力、专心致志、珍惜时间等能力，都会带来同样的工作效果。

莎士比亚的实干才能

英国早期的作家们都接受过整套实务技能训练，忙碌于各行各业。当时除了专职神职人员以外，还没有文学作家这个专业工作。莎士比亚当时既是剧场的老板，同时又是一个不太出名的演员。他一心想着赚钱，而不是如何提高自己的文学创作水平。

每一个时代的伟大作家都精力充沛，并且善于处理各种实际事务。尤其是伊丽莎白一世[5]和詹姆斯一世[6]时代，文学活动最活跃，传世名作最多。其实，处理事务的习惯，并不妨碍博才多学的学者们从事科学或者文学工作。相反，这种习惯对他们而言，多是一种很难得的训练。伏尔泰就主张："文学与实务的内在精神是一样的。"

若要使文学才能与实干能力同时发挥作用，必须将活力与谨慎、渊博的知识与实践的智慧、行动与思考结合起来，培根勋爵把这种结合称为"人性精华的浓缩"。所以一个才华横溢的作家，如果不认真地对待每天的事务性生活，那么，他笔下的现实生活以及人与人之间的关系就无法打动人心。

事实证明，许多传世之作都是由一些从事实际事务工作的人创作出来的。文学创作对他们而言只是一种消遣，而不是一种职业。《每季评论》[7] 的总编吉福德深知为谋生而进行的文学创作是多么的辛苦。他曾说："工作一天之后才得到的一小时的写作，比整天从事写作效率更高，更有价值。这一个小时，我就像一头干渴的小鹿畅饮着甜美的溪水，我的灵魂被唤醒，心中充满了喜悦。而那些专门从事写作的人整日伏案，搞得自己精疲力竭，走上了一条为写作而写作的悲惨道路。"

3. 工作愉快才能出成绩

一个人如果能够专心致志、勤劳工作，勇于克服困难，具备随机应变的能力和有胆有识的行动力，那么就是非常理想的。这些也是成功处理各种事务所必备的条件。正因为如此，在年轻人的教育和做学问方面，应该尽量指导他们学会认真踏实，即做事专注、努力，并且具备钻研学问的能力和精力。拥有这种品格的人要比普通人更有决断力，更懂得如何随机应变。

用思考与行动创造出宏伟的人生

哲学家蒙田在谈到真正的哲人时指出："如果他们精通科学，那么他们的行动能力肯定更出色。当他们力证的事实被推翻时，他们会突然情绪高涨，灵魂会随着知识而涌动。"

我们必须记住，如果走极端的空想文学或是哲理文学道路，尤其是形成了习惯以后，那么在日常生活中很有可能成为一个没有实干能力的人。因为思维能力与实干能力是两码事。一个整日不闻窗外事的人，虽然树立了人生的远大理想，但是一旦迈出书房，就会发现自己的理想根本无法实现。

思维能力需要富有活力的思考，而实干能力则需要精力充沛的行动。通常，思维能力与实干能力总是处于一种不平衡的关系。一个爱思考的人往往容易优柔寡断。因为他总是从各个方面考虑问题，结果陷入模棱两可之中，停滞不前，最后一事无成。然而，具有实干能力的人，会摒弃那些繁复的理论教条，一旦得出确切的结论，马上就会付诸行动。

事实证明，许多伟大的科学家都具有卓越的实干能力。艾萨克·牛顿是一名知识渊博的哲人，但从没听说过他作为造币局总监有任何失职的地方。德国的洪堡兄弟[8]不论是在文学、哲学、语言学、矿业，还是在外交、政治方面，都干得非常出色。

在实践中能充分发挥实务能力的人

拿破仑一世重视科学工作者的意见，可见他是想借助科学工作者的力量强化行政管理。当然，他任用的科学工作者中有失败的，也有成功的。

法国天文学家拉普拉斯被任命为内务大臣，可是他刚上任就犯了错误。后来，拿破仑谈到他时说："拉普拉斯不能准确把握问题的核心，总是思考分析一些细枝末节的问题。他所有的建议都非常难以理解，原因就在于他用微积分的演算理念进行实务管理"。拉普拉斯的这种工作习惯是在长期的科学研究中形成的，而且由于他此时年事已高，已经无法改变习惯去适应实际工作了。

达吕的情况却恰恰相反。他有自己的优势，曾接受过实务训练。马塞纳元帅出征瑞士时，他曾在其手下担任军队的监督管理员。其间，他作为作家声名鹊起。当拿破仑准备任命他为政府顾问及宫廷总监时，达吕犹豫地说："我一生的大部分时间都花在书本里了，已经没有时间学习作朝臣了"。拿破仑回答说："我身边已经有很多朝臣了。我需要的是有坚强意志，能努力工作，对大众有启蒙作用的总监，所以我才选择了你。"

达吕接受了拿破仑的任命，后来竟然成为总理大臣，充分地发挥了自己的能力。直到去世，他一直都保持着虚怀若谷、品行端正、公正无私的工作态度。

有效利用属于自己的时间养精蓄锐

具备实干能力的人，因为已经形成了工作的习惯，所以他们无法忍受无所事事。即使由于某种原因被迫放弃专业工作，他们也会马上在其他工作中寻找自己的空间。勤劳的人为了享受工作之余的珍贵闲暇，立刻就能找到工作。所以，勤劳者有闲暇，而懒惰者没有工作，也没有闲暇。

乔治·赫伯特认为："不利用闲暇的人就没有闲暇。"培根则说："富有行动力的人、勤奋工作的人，他们在等待工作成绩的同时尽情享受自由的闲暇时光。可是无聊的人、做事拖拖拉拉的人，无能却爱指手画脚的人以及那些心怀叵测的人是做不到这一点的。"所以说，许多丰功伟绩都是在"闲暇时光"中由那些勤奋者创造出来的。对他们而言，工作比无所事事要舒服得多。

一个人的兴趣爱好，也可以培养劳动能力。因为兴趣爱好需要勤奋，而且至少对本人而言是一项非常愉快的工作。可是，像图密善[9]喜欢捉苍蝇那样的嗜好则让人不敢恭维。相比之下，马其顿国王[10]制作灯笼的爱好，法国国王[11]制锁的爱好则要好一些。即使是毫无新意的机械性的爱好，对于有工作压力的人来说也是安慰，是工作之余的小憩、休闲和消遣。无论结果如何，至少可以享受一个愉快的过程。

当然，最好的兴趣爱好还是智力方面的。精力充沛的人在结束了一天的工作之后，可以从事科学、艺术、文学创作等另外一个自己爱好的事业。这样的休闲消遣，是防止独断和庸俗的最佳方式。不过，如果过分沉溺于智力方面的兴趣爱好中，就会筋疲力尽、萎靡不振。不要说休闲消遣、养精蓄锐了，反而会影响本职工作。

许多有名的政治家在工作之余喜欢从事文学创作，其中有些作品已成为世界名著。恺撒的《恺撒战记》就是一部不朽的经典之作。

烦恼和懒惰只会缩短寿命

总而言之，适度的劳动是有益身心的。因为人是通过肉体器官的运动维持生命的智能动物，所以经常活动身体可以增进健康。劳动对身体是有益的，然而过度的劳动则会伤害身体。但是，与辛苦的工作相比，无聊的工作、严重损耗体力的工作，以及毫无希望的工作更能危害一个人。

充满希望的工作是有益健康的。拥有一份既能奉献社会、又能给人以希望的工作，是获得幸福的秘诀。适度的脑力劳动，并不一定比其他工作更辛苦，只要有节制、有规律，就像锻炼身体一样能增进健康。如果能充分注意健康管理，脑力劳动就不会给身体造成过重的负担。相反，只知道吃喝拉撒睡，一辈子无所事事的生活方式其实对身体最有害。懒惰无为远比勤于工作更容易损耗一个人。

然而，过度劳动反而得不偿失。如果再加上忧愁和烦恼，那么对人体的消耗就更大了。烦恼比工作更能摧毁一个人。一旦陷入忧愁和烦恼当中，人始终处于烦躁、易激动的状态，就会严重削弱身体的抵抗力，如同沙砾可以严重磨损机械齿轮一样。因此，我们千万注意不要过度劳累，更不要忧愁烦恼。

另外，过度的脑力劳动也是一种负荷，容易使人筋疲力尽，心生绝望。一名体操运动员假若不顾自己的体能极限，过度追求高超技艺，必然会挫伤肌肉和脊椎。同样，脑力劳动者一旦用脑过度，就会造成神经疲劳，精神失常。

4. 消除烦恼的良方

自我控制其实是勇气的另一种表现形式，是人格中最重要的根本要素。莎士比亚在《哈姆雷特》中把人类定义为能够"注重先后，讲究次序的生物"，就是想要赞美这种自制的美德。这也是人类与动物的根本区别。事实上，一个人如果没有自制能力，就没有真正的人性可言。

自制是所有美德的根本。如果一个人任凭冲动和激情做事，那么从那一刻起，他就等于放弃了精神上的自由，他的一生就会漫无目的、随波逐流，自己也终将成为欲望的奴隶。

为了区别于动物，为了获得精神上的自由，人类必须控制本能的冲动。而要做到这一点，只有充分发挥自制力。自制力才能真正地把精神与肉体分开，形成我们的人格基础。

《圣经》上说，赞誉之词不应给予"占领城池"的强者，而应该给予那些"能控制自己情绪"的意志坚强者。这些人能够严格要求自己，可以控制自己的思想、言语和行为。而那些危害社会、具有犯罪倾向和邪恶欲望的人，大多缺乏自律、自尊与自制力。如果通过努力具备了这些美德，心灵就会变得纯洁，高尚的人格就会在纯洁的美德与自制力的影响下逐渐形成。

支撑人格的磐石

　　一个人习惯的好坏往往决定了他的人格是否高尚。人的意志力会根据习惯向完全相反的两个方向发挥作用，可以让一个人成为仁慈的统治者，也可以让他成为一个残酷的暴君。我们可能会成为好习惯的快乐臣民，也可能沦为屈服于坏习惯的奴隶。习惯既可以帮助我们走向光明，也可以把我们推向毁灭。

　　习惯是通过一丝不苟的训练形成的。有规律的训练与实践，会达到意想不到的效果。例如，街上抓来的无赖，或是从偏僻山村带来的粗野邋遢的乡下人，他们都看似没有希望，但是只要通过反复认真的训练与实践，就能够获得真正的勇气、毅力与自我牺牲的精神。事实上，在激烈的战场上，或是起火的萨拉·桑德号 [12] 船上，还有遇难的伯肯黑德号 [13] 轮船上，许多训练有素的人都采取了英雄果敢的行动。

　　道德方面的训练与实践，对人格形成也会产生一定的影响。因为没有道德的约束就没有正常的生活秩序。培育自尊心、学习遵守纪律、培养责任意识等都需要通过道德训练才能完成。那些独立自主、严于律己的人都接受过这种训练，而且，训练越严格，他们的道德水准就越高。因此，我们必须努力控制自己的欲望，服从天性，遵从良心。否则，便会被冲动和情感支配，沦为没有自我控制能力的浪荡之人。

着火的萨拉·桑德号

伯肯黑德号残骸，托马斯·赫米（Thomas Hemy,
1852—1937）绘于 1892 年。

赫伯特·斯宾塞说："严格的自我控制能力，堪称是最理想人格的一种完美体现。这就要求我们做任何事情都必须沉着冷静，不受各种欲望的诱惑，必须能够自我控制，保持内心平衡，深思熟虑后做出最终决定。经过反复深入细致的思考之后，就能冷静地采取适当的行动。这其实就是一种教育，至少是一种道德教育。"

乐观让人生充满希望

最早而且最好的道德教育基地是家庭，然后是学校，最后才是社会这个实际生活的大道场。每一阶段都是下一个阶段的预备期。我们最终成为什么样的人，很大程度上取决于每个阶段所受的道德教育。假若一个人在家庭和学校教育中没有受到良好的熏陶，放任自流，毫无教养，又没有接受过像样的教育和训练，那么这不仅是他本人，也是整个社会的悲哀。

在一个生活有秩序的家庭里，道德教育不仅非常完善，而且很难让人察觉。道德教育应该是一种潜移默化的自然力量，让孩子们在不知不觉中接受教育，塑造完善的人格，培养出终身受益的好习惯。而孩子们却从没有感觉到受过特殊的训练。

希默尔彭宁克夫人在自己的《回忆录》中提到一个事例，证明了家庭的道德教育是何等重要。这位女士和她的丈夫参观了英国与欧洲各大精神病医院后，发现精神病患者大多是从小没有受过约束管教的独生子女。相反，在大家庭中长大，接受过自我控制训练的人，患精神病的可能性则很小。

一个人的道德品质依赖于家庭的早期教育和周围人的影响，同时也取决于先天的性格和身体的健康状态。但是，最主要的还是通过个人的努力，以坚强的自制力培养出高尚的道德品质。一位优秀教师说："性格与习惯就像拉丁语或是希腊语一样，是后天可以学会的，而且是获得幸福必不可少的。"

约翰逊年轻时常陷入情绪波动中，他曾为此很烦恼。他说："一个人快乐与否，往往由他的意志来决定。"

我们可以培养忍耐、知足的习惯，也可以养成爱发牢骚、不知满足的习惯。稍有不慎，我们就可能染上夸大不幸、忽视幸福的恶习，从而被小小的困难吓倒，甚至成为其牺牲品。因此，习惯既可以让我们保持开朗乐观的心态，也可以保持一种病态气质。凡事总往好处想，对人生充满希望的心态，与其他习惯一样也是可以培养出来的。"无论碰到任何事情，都能发现其最美好的一面，这个习惯远比一年获得一千英镑更有价值。"约翰逊的这句话绝不是夸张。

克制与自制能使人生之路变得平坦

拥有虔诚信仰的人，一生都会严于律己，自我控制。他们认真、谨慎、鄙弃邪恶、行善积德；他们可以敞开灵魂，勇敢面对死亡；他们能够忍受不幸，在竭尽全力之后听从命运的安排。他们敢于与邪恶做斗争，反对黑暗的统治者。他们的信念坚如磐石，心灵纯洁无瑕；他们帮助他人，乐此不疲。当时机成熟时，他们就会获得各种收获。

擅长事务处理的人，也必须遵循严格的规章制度。工作与人生一样，都需要道德品质发挥很大作用。为了在人生和工作上都获得成功，不仅要控制自己的情绪，而且还要正确地指挥他人，这样的自我训练是必不可少的。克制与自制能使人生之路变得平坦，能开辟出更多的道路。同时，自尊心也很重要，因为尊重自己的人，通常也会尊重他人。

政界也同商界一样，若想在此领域获得成功，性情比能力更重要，高尚的人格比非凡的才能更有优势。如果没有自我控制能力，就会缺乏耐心；如果不能体谅他人，也就不可能领导他人。

有一次，以政治家小皮特为中心，人们展开了一场"首相必备的素质是什么"的讨论。有人说是"精彩的演说"，也有人说是"丰富的学识"，还有人说是"辛勤的工作"。小皮特却说："你们说的都不对！最重要的是忍耐。"忍耐就意味着自制，皮特自己在这一点上做得几近完美。他的朋友乔治·罗斯感叹说，从没见过小皮特发怒。通常忍耐被认为是一种消极的美德，但是小皮特却将忍耐与行动、魄力以及机敏结合在一起，体现出了惊人的积极向上的姿态。

5. 发掘自己的无限潜力

暴躁并不一定是坏脾气，越是暴躁的脾气就越需要自我控制和自我修养。约翰逊就说过："人们会随着年纪的增长而成熟，随着经验的积累而进步。"当然，这也与性格的深度、广度以及度量大小有关系。

促使一个人堕落的不是他所犯的错误，而是在犯错之后他所采取的行动。明智之人会从错误中总结教训，避免重蹈覆辙。与之相反，有些人从经验中学不到任何东西，反而越来越心胸狭隘，越来越痛苦，以致走向堕落。所以年轻人身上的暴躁脾气，其实是一种濒临爆发的不成熟的能量。如果能正确引导，那么这种能量就能发挥积极有效的作用。

仅仅释放这种"能量"其实是一种浪费

暴躁的脾气也许就是一种容易激动的强烈意志，如果不加以控制，就会经常爆发。如果控制得当，就像蒸汽机中的蒸汽由阀门、变压器、杠杆来调整一样，这种脾性肯定能变为有益于社会的能源。

历史上的伟大人物中也不乏血气方刚之人，他们既能严格控

制自己的动力，同时又拥有坚强的意志力。克伦威尔年轻时也是
一个任性、暴躁的人。他易怒、无常、无畏的性情，加上旺盛的
精力，使他犯下了很多轻狂好胜的过失。在家乡他是一个臭名昭
著的放荡不羁的人，眼看着就要误入歧途时，是宗教拯救了他。
加尔文宗的铁一样的教条，成功地抑制了他那狂妄的脾气，而且
将他旺盛的精力引向正途，全部投入到公共事业当中。最终，他
成为影响了英国长达二十年之久的领袖人物。

　　拿骚家族[14]英勇的王子们也同样具有出色的自我控制能
力、自我牺牲精神和坚强的信念。第一代国王被称为"沉默者威
廉"[15]，并不是说他是一个沉默寡言的人。如果他认为阐述自己
的观点可能会使祖国的自由受到威胁，那么他就会缄默不言。然
而，必要的时候，他会滔滔不绝地发表自己的意见。正因为他的
态度过于沉稳谨慎，以至于敌人都说他是一个内向而优柔寡断的
男人。可是，一旦时机成熟了，他所表现出来的英雄气概和强大
的魄力无人能敌。

　　研究荷兰史的专家莫特利先生说："威廉的朋友经常用'在
波涛汹涌的大海中岿然不动的磐石'来形容他的坚定意志。"

心中装有"冷却剂"的人可以尽情燃烧自己

　　莫特利先生将华盛顿与"沉默者威廉"进行了比较，发现两

人身上有很多共同之处。他们都有尊严、有勇气，都具备纯洁高尚的品德，而且都是历史上的杰出领袖。

华盛顿即使在最困难和危险的时候，也能够克制自己的情感，看上去像是一个天生就很沉着冷静的人。事实上，华盛顿生来脾气急躁，对事物容易痴迷。他的温和、稳重、礼貌以及体谅他人的品质，都是从小严格要求自己，加强自我修养的结果。

华盛顿的传记作者这样说："他是一个对事物容易痴迷，热情奔放的人。他经历了许多诱惑与刺激，但是他一直都努力克制自己的情感，所以才没有失败。他感情强烈，时常会迸发出来，但他总是能够立刻克制住自己。他的人格中最优秀的莫过于这种超强的自制力了。当然，这种能力有一部分是训练出来的，但是，似乎他本性中多少具备了一些这种他人所没有的能力。"

诗人华兹华斯年少时期也是一个倔强、任性、脾气暴躁的孩子，即使犯了错误受到惩罚，也绝不认错。但是，不断丰富的社会阅历锤炼了他的性格，使他慢慢学会运用自我控制能力。另外，华兹华斯年少时的倔强性格，日后在反击他人对自己作品的攻击时发挥了很大作用。华兹华斯的一生中，最显著的特点就是自尊、自主和特立独行的精神。

一个伟大学者的满腔激情

一个人即便身体虚弱，但只要拥有开朗的性格，这个人的灵魂就会变得积极、强大，而且崇高。

廷德尔教授为我们生动描绘了法拉第的性格以及他在科学研究中的忘我精神。"他集强烈的独创性与火热激情于一身，但又不失温柔与纤细。"教授说："在他温文尔雅的外表下面，隐藏着火山般的热情。他是一个对事物容易痴迷，容易激动的人，但他通过强大的自制力，将激情注入人生最重要的事业中，并使其转化成为实现目标的动力，而不是让它白白耗费在一时的激情之中。"

在法拉第的性格中，有一个很值得关注的优点，它与自制力很相似，这就是自我牺牲精神。他全身心地投身于分析化学的研究中，其实只要他愿意，完全可以获取巨额财富。但是，他抵制了诱惑，选择了纯科学研究这条人生之路。廷德尔教授说："这个铁匠的儿子、装订工学徒不得不在 150000 英镑的财富和一文不值的学问之间做出抉择，最终他选择了做学问。所以直到临死之前，他都是一贫如洗。但法拉第的名字为英国皇家学会赢得了荣誉，一直得到很高的评价。"

6. 牢记这些处世哲学

　　一个人若想获得幸福，不仅要控制自己的行动，还要控制自己的语言。因为有时候恶毒的语言比拳头更厉害，能像利剑一样刺伤他人。法国的一句谚语说得好，"语言比刀剑更锋利"（Un coup de langue est pire qu'un coup de lance）。那些尖酸刻薄的言辞一旦脱口而出，就会给对方造成很大的伤害，所以尽管有一定难度，我们还是要尽量做到缄默不语。

　　布雷默尔小姐在《家》这部书中写道："上天保佑我们不被语言毁灭。因为有些言辞比锋利的刀剑更伤人心，有些言辞带来的痛苦让人一辈子都无法忘却。"

一句话可以左右一个人的命运

　　注意语言也是高尚人格的一种表现。有些人懂得区分场合，能够自我控制，绝不会以侮辱性的尖刻话语伤害他人。而愚钝的人往往信口开河，不考虑他人的感受，即使是个小小的玩笑也会伤害朋友。所罗门曾说："贤者口在心里，愚者心在口上。"

　　然而，有些人并不愚钝，但说话却非常鲁莽轻率，原因就在于他们缺乏克制与自我控制的能力。这些人很有天赋，往往思维敏捷、语出惊人，但他们容易冲动，随便讽刺挖苦他人。事实上，这些话终有一天会给他们自身带来致命的伤害。有些政治家，就是因为以恶毒的语言嘲弄、攻击对手而垮台。

边沁说："我们必须铭记，一句措辞有可能决定许多友情，甚至是国家的命运。"因此，当你试图以满腹经纶写一篇尖刻的檄文时，尽管很难抑制这种想法，但最好还是先放下那支笔。西班牙有句谚语说得好，"鹅之叫声，猛于狮爪"（una pluma de ganso suele hacer más daño que la garra de un león）。

卡莱尔在谈到克伦威尔时说："他心里藏不住事，所以做不到体谅关心别人。"而沉默者威廉的政敌却非常佩服他，因为从来没听他说过一句傲慢或者轻率的话。华盛顿也是如此，在措辞上极为慎重，在辩论中他从不为了一时的胜利而恶语攻击对方。所以，那些懂得在必要的场合保持沉默的智者终究会得到世人的拥护与支持。

要么沉默，要么语惊四座

常听有些阅历丰富的人说为失言而懊悔，却从未听说他们为沉默而后悔。毕达哥拉斯曾言："要么沉默，要么就说得恰到好处。"乔治·赫伯特也说过："说话要恰当，否则就闭上嘴巴。"

塞尔斯的圣弗朗西斯曾被李·亨特称为"绅士般的圣人"。

他说："与其疾言厉色地道出真相，不如保持沉默。否则就像难吃的调味品坏了一道美味佳肴。"而另一位法国人拉科代尔总是把沉默放在语言之后，认为"沉默是仅次于语言的强大力量"。可见，适时的语言是多么强大有力啊。正如威尔士古老的谚语所说"金言出自贵人之口"。

据说西班牙著名诗人莱昂是一个自制力很强的人。他因为将《圣经》中的一部分翻译成了西班牙语而受到了宗教裁判所的处罚，被关在暗无天日的地牢中长达数年。出狱之后莱昂回到了原来的教授岗位。许多人都赶来听他第一次讲课，大家都急于知道他那漫长而艰难的牢狱生活。但莱昂非常理智，并没有猛烈抨击把他投入大牢的人，而是继续五年前被中断的讲课，在熟悉的开场白之后，就直奔主题了。

不要因为过于追求正义而变得心胸狭隘

沉默是重要的，但是有些场合表示愤怒也是必要的，特别是针对那些欺骗、放纵与残忍的行为。任何一个性情中人面对卑劣的言行都会感到愤怒。

佩尔特斯说："不知道愤怒的人无可救药。世上好人多于坏人，坏人得势仅仅是因为胆大嚣张。我们常情不自禁地赞赏有魄力的人，其实坏人就是因为拥有这种力量，所以才使我们不知不觉地与其为伍。我确实经常为多言而后悔，但也没少为保持沉默而遗憾。"

一个有正义感的人绝不会对错误或不法行为视而不见。当忍无可忍的时候，他就会把心中的愤怒用激昂的言辞表达出来。但是，我们不能一着急就轻视他人。善良的人往往容易性急，热烈的性情往往会导致心胸狭隘。

纠正心胸狭隘最好的方法就是增长知识，积累丰富的人生经验。只要能做到深思熟虑、换位思考，就不会陷入为一些无聊琐事而急躁的误区。懂得换位思考、能够深思熟虑的人可以公平合理地判断日常生活中发生的种种事端，采取热情而谨慎的行为。所以，有教养、有经验的人都能严于律己、宽以待人。而那些愚昧无知、心胸狭隘的人，总是固执己见，思想偏颇。

胸襟宽阔的人拥有丰富的实用性知识，所以他们能够宽容地对待他人的缺点与弱点，而且能够替他人考虑在品格形成过程中环境因素的影响，以及无法抵制错误和诱惑的弱点。歌德说过："至今为止，我所看到的罪恶，全是一些稍有不慎我也会犯的错误。"

人生的大部分是由我们自己的心情创造出来的。乐观开朗的人拥有快乐的人生，而抑郁忧愁的人则痛苦一生。我们常发现自己的性格从周围折射回来。如果自己固执己见、刻薄无情，那么周围的人也同样对待你。

一个人参加晚会后，在回家的路上向巡逻的警察抱怨说，一个形迹可疑的人跟踪他。结果调查后发现其实只是他自己的影子而已。类似这样的情形我们每个人都有过体验，人生就是反映自己心态的一面镜子。

敌对意识会像曲形飞镖一样飞回到自己身上

若想与人和睦相处，并取得信任，就必须尊重对方的人格。每个人的外貌、体型各不相同，同样，思想、性格也大相径庭。只有宽容接纳对方的不同，才能提出自己的要求。有时候我们很难发现自己与他人的差异，但旁观者却看得很清楚。

在南美的一个村落里，住着许多患有甲状腺肿大的人，大家都是大脖子，所以该村的人们认为没有这种病的人都是不正常的。有一次，一群英国人经过那里，村里人都嘲笑他们，并狂呼乱叫说："看呀，那些人居然没有大脖子！"

许多人常为自己的与众不同以及别人的看法而感到不安。也有人过分在意他人的冷淡态度以至于陷入绝望之中。其实，周围人对自己的苛刻态度，多是自己性急、刻薄的反映。当然，自己无端想象出来的烦恼可能更多。即使被误解为刻薄无情的人，我们也不能以发脾气来解决问题，那样只会被对方的任性与怪僻而左右。乔治·赫伯特说："我们常常因自己说出的恶言而自食其果。"

伟大而善良的学者法拉第在给友人廷德尔教授的信中，提出了一个有意义的建议。这个建议源于他丰富的智慧与人生阅历。"我经历了漫长的人生，现在总算明白一些世上的道理了，请听我这个老人说几句。年轻的时候，我总是误会别人的意思，有时候对方的真实想法并非我所想象的那样。现在看来，对于怀有敌意的言语，我们需要一直装聋作哑；而对于那些充满善意的话语我们需要迅速做出反应。这样的话，事情通常都能如愿进行。真心总会有显山露水的时候。如果是对方错了，那么以语言彻底打败对方不如宽容谅解对方，这样更容易让他们信服。我想要说的就是，对偏执最好视而不见，对善意和友好则应该敏感一些。一个人如果努力与人和睦相处就会获得幸福。你可能难以想象，每当我遭到反对的时候，我时常蔑视对方、误解对方，一个人愤愤不平。即便如此，我依然努力并成功地克制住自己，冷静而友善地对待他人。我确信在这一方面，我从未丧失过理性。"

7. 不重视细节的人就无法胜任工作

自我控制可以体现在很多方面，其中最明显的就是诚实的生活方式。如果没有自我克制的美德，不仅容易被私欲支配，而且容易受同类人的奴役。

有些人一味模仿别人，按照自己所属阶层的虚假标准去生活，像周围人那样开销，丝毫不考虑自己的收入。他们总是追求与周围人步调一致，所以没有勇气克制自己。他们抵挡不住奢侈生活的诱惑，甚至不惜以牺牲他人的利益为代价。就这样，他们不停地借贷，最后被沉重债务压得抬不起头来。所有这一切都是由于他们道德卑劣、优柔寡断，缺乏独立自主的精神。

诚实、自制的人，决不会掩盖事实，也不会打肿脸充胖子，追求不适合自己经济状况的生活。他们会量入而出，不会依赖他人的钱财。而那些靠借债维持入不敷出生活的人，其实与公开扒窃的小偷没什么区别。可能很多人认为这种想法有点偏激，其实它经得起现实的验证。靠他人的钱财生活不仅是一种不正当的手段，而且是一种欺诈的行为，就像说谎一样。乔治·赫伯特的名言"负债者就是说谎者"（debtors are liars），是完全正确的。沙夫茨伯里勋爵说："追求物质和地位的欲望是一切不道德行为的根源。"

"拘泥于小德便会失大德"（La petite morale etait l'ennemie de la grande），米拉波的这句话是不可信的。事实恰恰相反，恪守道德上的细枝末节，才是高尚人格的基础。

勤俭节约，不追求奢华生活

有操守的人，懂得节约，量入为出，从不会借人钱财。他们不会追求奢侈的生活，也不会因为借钱而导致破产。有钱人当然可以挥霍钱财以满足自己的欲望，而收入不高的人，只要能控制自己的欲望，就不会贫穷。佩尔特斯说："除了自私，我什么都可以原谅。再贫穷的生活环境，都能分得清'你的'和'我的'。世上最贫困的人需要量入而出、勤俭持家。"一个人如果有更高层次的目标就不会整日想着金钱。法拉第就是这样一个为追求学问而放弃财富的人。假使他需要花钱享乐，也绝对不会借债，依赖他人；他一定会通过努力工作来换取财富。

赊账买东西必须适可而止。很多人无法战胜自己的欲望，没有支付能力却要用自己的信用购物。如果我们废除"保护特殊借贷合同中债权人利益"的法律，或许对社会有很大益处。但是，现实是：在激烈的商业竞争中，我们的社会已经在鼓励消费者举债消费，而债权人已经落到了要依赖立法来拯救自己步出困境。

评论家锡德尼·史密斯移居到一个新地方时，当地报纸大肆宣扬说他是个好主顾，于是所有店家都来请他惠顾。但是，史密斯的一番话让这些新邻居们头脑清醒了。他说："我不是什么特殊人物。我也是一个欠了债就要还的老老实实的普通人。"

哈兹利特尽管有些喜欢挥霍，但至少他很诚实。他谈到两种相似的人时说："一种人是今朝有酒今朝醉，看到什么买什么，所以总是缺钱花。另一种人是挥霍完自己的还要伸手向别人借钱花。这种借债的本事，最终只能毁灭自己。"

司各特的"为人之道"让他创造出伟大的业绩

众所周知，沃尔特·司各特写给《每季评论》杂志的投稿，以及《伍德斯托克》《卡农门的编年史》《散文杂集》《祖父的故事》《拿破仑传》等著作（他从拿破仑的死中感觉到自己死期已近），都是在苦闷、悲伤以及绝望中写出来的。这些作品的收入全部都用来还债了。

他说："以前我总是夜不能寐，现在我睡得特别安稳。因为债权人的感谢让我如释重负，而且履行了义务，维护了自己的尊严和信誉，所以我感到很自豪。眼前的道路漫长、苦闷，而且黑暗，但它保全了我的清白。即使痛苦地死去，我也会感到光荣。如果我能顺利完成工作，那么我要感谢所有关心过我的人，这样我的良心才会得到安慰。"

后来,司各特又相继发表了《珀斯的美丽少女》《盖尔斯坦的安妮》《祖父的故事续集》等大量小说、回忆录和布道词,直到他的手臂因麻痹不能动。可是,当病情稍有好转可以握笔时,他马上就伏案撰写《关于鬼魔学和魔法的信》为拉德纳的《百科全书》撰写苏格兰史,并且开始编写以法国历史为题材的系列小说《祖父的故事》第四辑。医生的劝说都是徒劳,他根本听不进去。他对医生阿伯克龙比说:"让我不要工作,就好比把水壶放在火炉上不让它煮沸一样。"接着他又补充说:"如果我整日无所事事,那么我肯定会发疯的。"

凭着难以想象的努力,司各特所欠的债务日渐减少。他相信,再工作几年,他就可以成为无债一身轻的自由人。可是,他并没有如愿以偿。他接着又发表了《巴黎的罗伯特伯爵》等作品,写作技巧已大不如前。终于,麻痹症再次侵袭了他的身体,这次比前一次更严重。

他感觉到人生即将终结,耗尽所有体力的他体会到什么叫"力不从心"。但是,即使如此他也从未丧失勇气与毅力。他在日记中写道:"我活得很痛苦。但是这只是肉体上的痛苦而非精神上的折磨。我经常想就这样长眠不醒该多好。但是,只要可能,我还是想把这些痛苦全部赶走。"

司各特又一次奇迹般地恢复了，虽然完成了《危险的城堡》的写作，可他那老练的笔法已经荡然无存了。为了休养生息，他去意大利作了此生最后一次旅行。在那不勒斯逗留期间，他不顾众人的反对，每天上午都花好几个小时创作新小说。可是，最终他也未能完成这本书。

司各特返回阿伯茨福德[16]时说："我见过许多美景，但是没有比自己的家更好的地方。再给我一次机会吧！"不久，他就与世长辞了。

在弥留之际，他说："也许我是这个时代最多产的作家。我最欣慰的是，我从未动摇过任何人的信念，也未曾试图去破坏任何人的信念。现在奄奄一息地躺在病床上仔细想想，也没有任何一本书是写得不满意的"。他对女婿最后的吩咐是："洛克哈特[17]，我和你说话的时间不多了。我亲爱的孩子，一定要做一个有道德、有信仰的正直的人。当你躺在病榻上即将死去的时候，没有比这些更能让你感到满足的了。"

洛克哈特本人的献身精神也无愧于他伟大的岳父。他花了好几年的时间写就的《司各特传》，是一部非常成功的作品。他用这部书的稿酬偿还了司各特的债务，没有给自己留一分钱。虽然那些债务与他毫不相干，但岳父讲求信誉的精神深深地影响了他。他写这部传记仅仅是为了纪念这位留下光辉业绩的逝者。

译 注

1. 亚当的子孙（race of Adam）：指人类，因为亚当在《圣经·创世记》（2：7）中被称为人类的始祖。

2. 美因茨的一位主教指勃兰登堡的阿尔布雷希特（Albrecht von Brandenburg, 1490-1545）：德国宗教改革时期的重要人物，出身于霍亨索伦家族的马格德堡大主教和美因茨大主教（选侯）。他也是勃兰登堡藩侯（不是选侯；1499-1513 年在位）。1513 年被任命为马格德堡大主教。1518 年他成为美因茨大主教，该职位使他成为神圣罗马帝国的七大选帝侯之一。他是艺术的保护人、柯尼斯堡大学的创办人，也是路德抨击的出售赎罪券的主要人物之一。

3. 语出《吕氏春秋·爱类篇》：神农之教曰："士有当年而不耕者，则天下或受其饥矣；女有当年而不织者，则天下或受其寒矣。"

4. 路易十四（Louis XIV, 1638-1715）：法国波旁王朝著名的国王，自号太阳王。执政期从 1643 年至 1715 年，是世界上执政时间最长的君主之一，他的执政期是欧洲君主专制的典型和榜样。路易十四生前扩大了法国的疆域，使其成为当时欧洲最强大的国家和文化中心。17 和 18 世纪里，法语成为欧洲外交和上流社会的通用语言。路易十四因为使法国强大而受到尊敬，但他发动的无数次战争使法国的国家经济破产，他不得不加强对农民的税收。法国历史学家托克维尔认为，重税、对贵族的削权以及没有政治权力的市民阶层对政策的不满是导致 1789 年法国大革命的政治、社会和经济原因。

5. 伊丽莎白一世（Elizabeth I, 1533-1603）：都铎王朝的第五位也是最后一位君主，执政期从 1558 至 1603 年，也是名义上的法国女王。她终身未嫁，因此被称为"童贞女王"，也被称为"荣光女王""英明女王"。她即位时英国处于内部因宗教分裂的混乱状态，她不但成功地保持了英国的统一，而且在经过近半个世纪的统治后，使英国成为欧洲最强大、富有的国家之一。英国文化也在此期间达到了一个顶峰，涌现出了诸如莎士比亚等著名人物。她的统治期在英国历史上被称为"伊丽莎白时期"，亦称为"黄金时代"。伊丽莎白为人谨慎，她的座右铭是"明察无言"（video et taceo）。

6. 詹姆斯一世（James I, 1566-1625）：英格兰和爱尔兰国王（1603-1625），同时也是苏格兰国王，称詹姆斯六世（James VI, 1567-1625 在位）。尽管传统史学都将詹姆士一世形容为一位昏庸、自大、迫害清教徒、与英国宪政体制为敌的愚蠢君主，但 20 世纪中期的历史学家开始认为詹姆斯一世在维持国内稳定与国际和平上有其成就。虽然当时的文献都记录了詹姆斯一世的粗鲁言行与爱好奢靡，但他同时又是个博学之士。相传他参观牛津大学图书馆时，曾望着图书馆内的丰富藏书叹道："若我不是个国王，我愿做这儿的囚徒。"事实上，詹姆斯一世的读书量可能居当时欧洲诸国君主之冠。也正因为如此，詹姆士一世下令编纂英文版《圣经》(史称《钦定版圣经》)。英文随着这本真正渗透到英国各阶层的读物成为一种真正普遍性的读写文字，其贡献可与莎士比亚的戏剧并称，甚至更伟大。1623 年詹姆士一世允许专利权的设立，对英国与世界日后的工业革命与历史产生巨大的影响。

7. 每季评论（Quarterly Review）：一份文学和政治类期刊，由伦敦著名的约翰·默雷出版社创立于 1809 年 3 月。不久便成为 19 世纪最重要的杂志之一，1967 年停刊，2007 年复刊。该刊的创立是想抵制辉格党的《爱丁堡评论》的影响，创始人中有诗人骚塞和小说家司各特，历任主编中有司各特的女婿洛克哈特。

8. 洪堡兄弟：兄威廉·冯·洪堡（Wilhelm von Humboldt, 1767-1835）：德国语言学家、哲学家、外交家兼教育改革家，对 20 世纪语言科学的发展有深刻的影响，曾预示探索语言-文化关系的人类文化语言学的发展。弟亚历山大·冯·洪堡（Alexander von Humboldt, 1769-1859）：德国博物学家和地理学家。1799 年同邦普朗（Aimé Bonpland）一起用 5 年时间去南美探险。1827 年前主要在法国工作，后又去中亚探险。1830 年起投身政界。主要著作《宇宙》(1845-1862 年）努力展示一幅宇宙的全部自然图景。

9. 图密善（Domitian, 51-96）：弗拉维王朝的最后一位罗马皇帝，81—96 年在位。他尚未当政之前与执政之初，表情谦恭，热爱文学，奖掖学术，再加上身材高大、面色红润，具有一对大眼睛，长得俊美优雅，受到罗马各阶层的喜爱。但他执政的中后期却耽于荒淫嬉戏，并逐渐变得残暴，专门打击元老院贵族阶层，采行许多新的拷打方式对付遭到逮捕的人。因此当他的死讯传出，元老院感到特别高兴。他们通过法令，决定对图密善施以除忆诅咒（或译记录抹煞）——抹除所有图密善所留下来的纪念物：雕像、铭文。而许多同时代第一手史料记录者的身份，正是元老阶层，因此透过他们的叙述，后人对图密善的观感相当恶劣。而除忆诅咒对图密善施政记录的有系统破坏，也使图密善的正面评价直至近代考古学及系统性史学分析的发展才渐有提升。在基督教的历史观中，常论及图密善曾将教徒丢入大竞技场中，让狮子等野兽啃食的叙述；实际上，在当代非基督教的史料中找不到任何可供验证的证据，仅仅出现在后来兴起的教会记述中。无论如何，基督教传统上将图密善视为早期迫害教徒的皇帝之一。一般认为《新约》中的〈启示录〉所讲的"恶魔的数字 666"，就是在隐喻图密善本人。

10. 马其顿国王指埃罗普斯二世（Aeropus II of Macedon），统治期从公元前 399 至前 393 年。

11. 指法国国王指路易十六（Louis XVI, 1754-1793）：法国波旁王朝国王，路易十五之孙，1774-1792 年在位。路易十六性格优柔寡断，即位后多次更换首相和部长，政策变化无常。路易十六无心朝政，经常来到自己的五金作坊里，与各式各样的锁为伍，路易十六制锁的技术很高，且极富创意，几乎每一把都是一件艺术品。他高薪聘请著名的铜匠加曼，甚至可以自由出入他的寝宫。18 世纪 80 年代法国陷入财政危机后，更经常借打猎等活动逃避复杂的国事。1789年 5 月，在大臣的敦促下召开三级会议，但拒绝第三等级制宪的要求，导致了同年 7 月 14 日法国大革命的爆发，被迫签署《人权宣言》，10 月后从凡尔赛宫迁居巴黎。1792 年 8 月 10 日巴黎民众起义后被捕，同年 9 月君主制被废除。1793 年 1 月 17 日被国民公会判处死刑，1 月 21 日被送上断头台。讽刺的是，传说路易十六当年曾亲自参与了断头台的设计，为加速断头台的杀人效率，他还命人将铡刀改成三角形，没想到自己却死在这部杀人利器之下。1989 年 7 月14 日，法国庆祝革命 200 周年的庆典上，法国总统密特朗表示："路易十六是个好人，把他处死是件悲剧，但也是不可避免的。"

12. 萨拉·桑德号（Sarah Sands）：当时英国仅有的第二艘螺旋桨蒸汽机运输船，荷载 1330 吨。1857 年皇家海军授权它将 54 步兵团的一部分士兵运往印度镇压当地的反英暴动。船上有军官和士兵及其家属，约 700 余人。11 月 11 日该船行驶在印度洋中，离岸 800 英里，此时底舱突然失火。船员们因为害怕甲板上的弹药筒爆炸，打算弃船逃生。但 54 步兵团的官兵们展现出巨大的勇气，他们将弹药筒扔出船外，将妇女和孩子抢先送上救生艇。在发现军旗还留在甲板上时，他们做出了惊人的举动：返回船上，从大火中抢出了军旗，并将大火扑灭。10 天之后受损严重的萨拉·桑德号抵达毛里求斯。这个故事不久便传回国内，维多利亚女王下旨给每一位官兵颁发特殊勋章。

13. 伯肯黑德号（Birkenhead）：皇家海军打造的最早的铁甲船之一。最初设计为护卫舰，后来在交付前改造为运输舰。1852 年 2 月在向南非东部阿尔哥亚湾运输部队的途中，触礁沉没于好望角附近的海面。船上搭载了 600 多人，除士兵外还有军官的家属。虽然没有足够的救生艇，但士兵们沉着冷静，先让妇女、儿童、病号上了救生艇，然后跳海逃生。结果 193 人活着上岸，其中 113 名普通步兵、6 名皇家海军士兵、54 名普通水手、7 名妇女和 13 名儿童，其余人或溺水身亡或被鲨鱼吞吃。

14. 拿骚家族（House of Nassau）：起源于德国西部莱茵兰地区拿骚伯国。12 世纪前，劳伦堡诸伯爵在拿骚附近建立领地；瓦拉姆（Walram）一世（1154-1198 年）僭取拿骚伯爵称号。其孙分领地为二：瓦拉姆二世拥有南部；奥图一世据有北部。瓦拉姆二世之子阿道夫，曾为德意志国王（1292-1298 年）。奥图之子沉默者威廉（奥兰治亲王），在尼德兰拥有大片领地，为荷兰共和国总督，其子孙世袭执政，历 16、17、18 世纪，为一显赫家族。瓦拉姆二世一支的拿骚领地被册封为公爵领地并加入拿破仑一世所组成的莱茵联盟。七星期战争（1866 年）时期，因支持奥地利一方失利，公爵阿道夫的领地为普鲁士占领；成为普鲁士黑森·拿骚省威斯巴登区的主要部分。1806 年奥兰治亲王威廉六世将其德意志领地让与拿破仑，1815 年他获得卢森堡大公国并继承荷兰王国王位，号威廉一世。现今其后裔仍统治荷兰。1890 年瓦拉姆二世一支的阿道夫继承了卢森堡领地。

15. 沉默者威廉（William the Silent）：荷兰反对西班牙统治的英雄，欧洲最富有的贵族之一。当时尼德兰为几省联合，由皇帝查理五世（亦为西班牙国王）的摄政统治。查理一直坚持把威廉培养成天主教徒。后来威廉为皇帝所宠幸，多次奉命出使。在出使法国时，法王亨利二世论述了把基督教新教徒赶出尼德兰的计划，威廉听到以后大为震惊，但是缄口不提反对的意见，从而获得"沉默者"的绰号。当荷兰人举行反西班牙的武装起义时，威廉站到斗争队伍的最前列。他为宗教的自由或政治的自由而战。最初威廉被西班牙军击败，一度被迫到德意志避难。但他并不绝望，曾经写道"我决心继续斗争"。他虽然没有完成解放整个尼德兰的任务，然而北部诸省于 1579 年宣布独立，并选举威廉为世袭执政。不过好景不长，腓力二世即西班牙王位后，悬赏除掉这个"叛徒"。1584 年威廉受刺客枪击，重伤而亡。

16. 阿伯茨福德（Abbotsford）：苏格兰 19 世纪著名小说家 W. 司各特爵士的故乡。在特威德河右岸，属苏格兰博德斯区罗克斯堡区。

1811 年司各特购下当地原有农庄，把它改建成豪华的哥特式府第（1817-1825 年）。周围地区曾是他写历史小说的主要灵感源泉。这里仍为其直系后裔的家乡，保留着原有风貌；其中有他的珍贵藏书、全家相片和历史遗物。

17. 洛克哈特（John Gibson Lockhart, 1794-1854）：英国评论家、小说家、传记作家。所著《司各特传》（1837-1838 年）是英国最著名的传记作品之一。出生于有地产的长老会牧师家庭。牛津大学毕业。1816 年在爱丁堡为开业律师，不久从事写作，是保守派《布莱克伍德杂志》的主要撰稿人。1818 年结识欧洲浪漫主义的"元老"司各特，1820 年同司各特的女儿索菲娅结婚，并凭借岳父的势力当上保守派《每季评论》的主编（1825-1853 年），后来又继承了岳父的田产。他的《司各特传》在写这位作家的成绩时大吹大擂，在写缺点时含而不露。在长期担任《每季评论》主编时，他撰写了很多文艺评论文章，称赞华兹华斯、柯尔律治和拜伦。

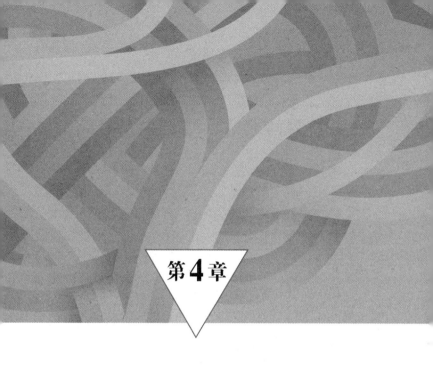

第**4**章

提高见识！
——我们应该从何处领悟人生的教诲？

1. 书籍是最耐心、最忠诚的挚友

从结交的朋友可以了解一个人的品行，从阅读的书籍可以了解一个人的人格。人与书籍之间就像人与人之间一样，会产生一种交流。所以，在选择交流对象时，无论是书籍还是人，我们都必须慎重。

一部好书可以成为我们一生的挚友，而且是一位非常耐心、令人愉快的朋友。当我们身处逆境或陷入失意低谷中时，它绝不会抛弃我们，会一直温柔地呵护我们。年轻的时候，书籍带给我们快乐和知识；年老的时候，它又能给我们以安慰和鼓励。

趣味相投有时会成为交友的契机。爱好读书常使人与人之间产生亲近感。古人云"爱屋及乌"（Love me, love my dog），或许"爱人及书"（Love me, love my book）更加意味深长，因为书籍可以在更高的思想领域紧紧地维系彼此。人们通过共同喜爱的作家的作品，一起感动，一起思考，并且可以一起走进作家的世界里。同样，作家也会永远驻留在每一个人的心间。

散文家哈兹利特曾说过："书籍悄然走进我们的心田，诗歌缓缓溶入我们的热血。人在年轻时读过的书，年老时依然记忆犹新。书中描绘的虽然是别人的事，但是，我们总觉得写的就是我们自己。因为这些内容是任何人都能够领略体会的。所以文章是否充满生命力，完全取决于作者的水平。"

装满精彩人生的"舍利塔"

很多时候，一部好书就是一个"舍利塔"，里面存放着作者精彩的一生和最重要的思想。人的一生就是自己所思所想的世界。最好的书籍是熠熠生辉的思想和优美语言文字的宝库，它会铭刻在我们心中，慰藉我们的心灵。菲利普·锡德尼爵士说："若以高尚的思想为伴，人就绝对不会孤独"。

当我们遇到无法抵制的诱惑时，前辈们纯朴而正确的思想会像仁慈的天使一样，提示我们该如何行动。毋庸置疑，至理名言总能使我们振奋，帮助我们出色完成工作。

亨利·劳伦斯爵士就高度评价华兹华斯的《幸福勇士的品行》，并力求在自己的生活中体现作品的精神。他不断地思考这本书，与人交谈时常引用其中的内容。劳伦斯的传记这样记叙道："他尝试着像书中那样生活，力图让自己的性格与书中的人物相近。有志者事竟成，他终于实现了最初的梦想。"

书是永存不朽的，是人类劳动的产物，并且世代相传。神殿总有一天会化为废墟，绘画、雕塑也会渐渐破损，只有书籍能够一成不变地传承下去。伟大的思想与时代的变迁并无关系。一些古老的思想至今依然鲜活有力，与刚形成的时候没有两样。作者可以通过印刷的书籍，把自己当时的所思所言告诉我们。在历史变迁的过程中，时间的唯一作用有如大浪淘沙，只有那些真正优秀的文学作品才能永远流传下去。

书籍是能产生共鸣的巨大能量

书籍能引导我们进入优秀人物云集的世界，并结识那些最伟大的人物。我们能听到他们的话语，看到他们的所为，仿佛他们就活在现实当中。我们可以融入他们的世界，乐其所乐，悲其所悲，与他们同感共鸣。作者的经历成了我们自己的经历，我们似乎在作者描述的场景中扮演主要角色。在这里，伟大而优秀的人物不会退场，他们的精神遍布书中，并广为流传。这些书籍是一种智慧的声音，时刻在我们耳边响起。因此，历史上的伟人能不断地对我们产生深远的影响。

世界驰名的伟大学者荷马，至今依然活在人们心中。尽管他人生的细节已被历史的尘埃所掩埋，但是他那不朽诗篇就像刚刚写就的一样，充满生机。柏拉图仍然在书里讲述着自己的经典哲学；贺拉斯、维吉尔和但丁依然像生前一样朗诵着伟大的诗篇。

即使没有知识、没有金钱、没有地位，只要不是文盲，你就可以而且有权利自由出入这些伟人的世界。你若想笑，塞万提斯或拉伯雷会与你一起开怀大笑。你若感到悲伤，坎普腾的托马斯或杰里米·泰勒会陪你一起伤心，安抚你的心灵。无论是快乐还是悲伤，无论是幸福还是逆境，我们都会从书籍中得到休憩、安慰和指导，因为书籍中铭刻着伟人的精神和灵魂。

2. 应该从何处领悟人生的教诲?

人在这个世界上最感兴趣的还是人类自己。凡是与人生密切相关的事情,诸如经历、快乐、悲伤、成功等都牵动着我们的关注。每个人或多或少都会对其他人感兴趣,因为大家都是人类大家族的一员。但是,一个人教养越深,就越关心全人类共同的幸福。

人对人的兴趣体现在很多方面,如肖像画、半身雕塑、传记等。其中最吸引人的莫过于了解一个人的生平,即那个人的历史。爱默生说:"人能够描绘、塑造、思考的东西就是人而已。"卡莱尔说:"人类喜好交际的特性,通过一个事实体现得最明显,那就是人们喜欢读传记。"

实际上,读了他人的传记之后,人们对人类自身的兴趣会变得更强烈。因为传记真实地记录了一个人的生平经历,比虚构的作品更有意思,更有魅力。从他人的传记中,每个人多多少少都能够学到一些东西。只要是人的真实写照,哪怕是微不足道的一言一行,都会让我们感兴趣。

伟人观察家的着眼点

伟人的传记对我们尤其有益。它能唤醒我们的灵魂,带给我们希望，为我们树立伟大的榜样。他们以崇高的精神，通过一生的努力完成了自己的职责，这种影响力是非常深远的。乔治·赫伯特说："伟大的人生是不朽的。"歌德说过，聪明人可以从任何一个平凡人那里学到东西。沃尔特·司各特每次乘车出行时，总能搜集到一些身边人的特征和新印象。据说约翰逊博士走在路上时，总想知道住在这里的人们都有过怎样的生活经历、人生体验，都经历过哪些艰难困苦、成功和失败。

如果事关那些为我们留下许多珍贵文化遗产的伟人，我们当然更想了解他们的一切。他们的习惯、态度、人生观、经历、言谈、座右铭以及他们的伟大之处都深深地吸引着我们，教导并鼓励着我们。

改变我们人生轨道的新刺激

通过传记，我们知道应该怎样做人，还可以了解在竭尽全力之后会有哪些收获。完整记录下来的伟人的一生，可以给我们鞭策和鼓舞，可以为我们指引人生的方向，能够唤醒我们的灵魂，赋予我们希望、力量和勇气，同时让我们不仅相信自己，更信赖他人。伟人的传记不仅能激发我们的上进心，使我们奋发图强，还可以邀请我们一起分享他们的精神世界，相当于与最优秀的人一起生活，并结交最好的朋友。

但是，过分强调伟人传记对品格培养的作用是危险的。伊萨克·迪斯累里说："优秀的传记是在一种完整的状态下与读者融为一体，被读者完全吸收的。"阅读一本感人的伟人传记，可以让我们无意间受到启迪，促使我们试图接近伟人的思想和行为。然而，即使是普通人的一生，只要他们认真生活，恪尽职守，照样给人以启发，对后人的品格培养产生积极作用。

另外，通过阅读传记，我们可以更加详细地了解历史。我们甚至可以说，历史就是传记，历史就是我们一个个活生生的人控制、影响并创造出来的人生的集合。美国哲学家爱默生说："历史源于永无止境的上进心，是人类无穷潜力的记录。"

历史记录的都是人而不是理念。历史上所发生的事情之所以吸引我们，就是因为里面充满了人们的喜怒哀乐及人与人之间的利害关系。在历史世界里，所有人都已逝去，但是他们的语言和行为却依然活着。他们的声音仿佛就在我们耳边响起，他们的行为让历史更加精彩。我们不会对人类的群体感兴趣，但是在传记这个宏大的历史舞台上，我们能够和剧中活生生的人物产生共鸣。

普卢塔克的《希腊罗马名人传》影响了许多伟人的一生

历史上的作家中，有两个人在行动与思想方面对后人的品格形成产生了很大影响，他们就是普卢塔克与蒙田。普卢塔克在他的书里介绍了所有值得我们学习的英雄，而蒙田则探究了人们一直都很感兴趣的人世永恒轮回的问题。两个人都以传记的形式，详细描述了人物的性格和经历，有效地提高了作品的感染力。

普卢塔克的《希腊罗马名人传》尽管完成于 1800 年以前，但与荷马的《伊利亚特》一样，都属于同类作品中的巅峰之作。阿尔菲耶里就是阅读了普卢塔克的作品后，激起了对文学的热情。他说："提莫莱昂、恺撒、布鲁图、派洛皮德等人的传记，我读了不只六次。每次我都感动得热泪盈眶、如醉如痴。英雄们的高尚品格每每让我兴奋不已。"席勒、本杰明·富兰克林、拿破仑、罗兰夫人等人都是普卢塔克的忠实读者。据说罗兰夫人因过于痴迷普卢塔克的书，竟然在做弥撒的时候佯装读圣经，其实是在读普卢塔克的书。

普卢塔克的《希腊罗马名人传》也是法兰西国王亨利四世[1]以及蒂雷纳子爵、内皮尔兄弟等英雄们的精神食粮。威廉·内皮尔少年时代就被此书感动，对昔日的英雄们佩服不已。可以说这本书决定了他的人生方向，促进了他的人格形成。当病情恶化，生命危在旦夕的时候，奄奄一息的内皮尔已在不知不觉中回到了普卢塔克的英雄时代。直到临终之前，他一直都在与女婿谈论亚历山大大帝、汉尼拔和恺撒大帝的丰功伟绩。如果让读者们投票选出一本影响自己人生道路的书，恐怕普卢塔克的这本书会获得多数票。

　　普卢塔克的作品在任何一个时代都吸引着读者，其魅力究竟在哪里呢？首先，作品里的主人公都是世界史上令人瞩目的伟大人物。其次是普卢塔克具有非凡的眼力和语言表达能力，他能够正确认识并细致描写伟人们的业绩以及他们所处的环境。不仅如此，他还具有鲜明地描绘人物个性的能力。如果人物个性不生动，那么传记文学就毫无生趣。因为英雄们最吸引人的地方，不是他们的业绩，也不是他们的智慧，而是他们的个人魅力。也就是说，有些人的一生比他们的演讲更具有说服力，个性比成就更富有魅力。

　　普卢塔克精心描绘了每一个人物，却没有半句废话，令人印象非常深刻。恺撒、亚历山大大帝的一生只需半个小时就能读完。传记中没有冗长的说明，活生生的人物形象跃然纸上。蒙田曾经对普卢塔克的简洁文风颇有微词。不过，他又补充说："毫无疑问，这种简洁使他获得了高度的评价。或许他更希望自己的这种能力能够得到读者的肯定，而不是丰富的知识。他深知写得太多，肯定会让读者腻味。与其如此，不如留有余韵，让读者感到意犹未尽。他明白再好的题材，一旦冗长就会乏味。不能正确把握问题实质的人，只能拼命用语言去弥补，就像身体瘦弱的人总爱用层层衣物掩藏自己一样。"

无论多么细小的癖好都能体现一个人的人格

普卢塔克也非常擅长描写英雄人物的弱点、缺点、小小的癖好以及细微的心理变化等。这些都是准确描写人物必不可少的。他详细地介绍了每个人的嗜好和特点。亚历山大大帝总喜欢装腔作势歪着头；亚西比德是个非常幽默的人，虽然有点大舌头，但说话优雅而富有说服力，正好和他的人品一致；加图有一头红头发和一双灰色的眼睛，是一个守财奴，一个放高利贷者，他竟然把已经不能干活的老奴隶高价卖出去；另外，恺撒是个秃头，他喜欢穿色彩鲜艳的衣服；西塞罗总是下意识地抽动鼻子，等等。

普卢塔克的伟大之处就在于非常重视这些细节部分。他通过一些逸事来描绘主人公的特点，这比一般的说明更能突出人物性格。有时候他也举出一些主人公最喜爱的格言，这样更有助于理解人物的心理。

伟人不是完美无缺的，他们也有缺点。只要是人，都会有缺点或怪癖。不管多么伟大的人，总有短处，这样不是才有人情味吗？我们总是远远地仰望和崇拜伟人，但是如果我们能走近他们，会发现他们也有缺点，也会犯错误，和自己没有区别。所以说，把伟人的缺点展示给读者并非毫无用处。如果只表现他们的长处，读者会认为自己无法模仿他们，定会丧失信心。

普卢塔克对自己写传记的方式非常有信心，他曾解释说自己不是在写历史，而是在描写一个人的一生。普卢塔克说："如果只看到光辉灿烂的丰功伟绩，那么我们就无法认清人物的优缺点。有时候，一个不起眼的小事、一个表情，甚至一个玩笑，都比大规模的战争，或是率领千军万马攻陷城池更能刻画人物的性格。肖像画家只要把握住最能表现人物性格的脸部轮廓、表情和目光，就可以忽视身体的其他部分。同样，我在描写英雄的一生时，只注意人物的内心活动和一些迹象。至于他们的丰功伟绩和重大战役，就留给其他作家去写吧。"

我们无法预知哪一件小事能改变历史

传记和历史一样，即使是微不足道的小事，也有其重要的含义，有时会导致重大的历史变化。帕斯卡曾指出："如果克丽奥帕特拉的鼻子再塌一些，世界历史或许完全不同。"另外，如果没有丕平二世的婚外恋事件，恐怕整个欧洲都要被萨拉森人征服了。这段恋情导致了私生子夏尔·马特的诞生，正是这位夏尔·马特后来在图尔[2]击败了萨拉森人[3]，并把他们赶出了法兰西。

司各特小时候绕着房间跑，曾经把脚扭伤了。这一点或许没有必要载入传记。但是,如果没有这次意外,《艾凡赫》《修墓老人》以及所有的"韦弗利"系列小说就不会问世了。当儿子表示想要参军时,司各特曾写信给骚塞说:"要不是脚跛了,我也想参军的。这本来也是我的选择"。可见,如果司各特的脚没有问题,他可能会参军并在半岛战役[4]中建立功勋,胸前挂满勋章而终其一生。那样,他就不会留下无数的名著佳作,也不会为英国赢得灿烂的荣誉了。

维也纳会议的中心人物塔列朗也是因为跛足,命中注定被军队拒之门外。但是,他把兴趣转移到了读书上,潜心钻研人性,后来成为世界著名的外交家。拜伦的跛脚与他成为诗人多少也有点关系。如果他没有为自己的脚痛苦烦恼,肯定一行诗都写不出来。因为拜伦当时是一个自尊心很强,又很注重外表的人。身体的残疾刺激了他的心灵,唤起了他的热情,使他开拓了一条自己的人生之路。至于他的成果,想必读者们都很熟悉了。

传记中的人物随描写角度而生辉

传记与肖像画一样,也有光和影之分。画家可以通过变换坐姿来掩盖模特的缺陷。同样,传记作家也会尽量隐藏人物性格中的缺点。然而,如果想要描绘与实物一模一样的外貌或性格,就必须忠实原型。没有多少人像克伦威尔那样直言不讳,当他坐在库珀面前让他为其画细密肖像画时，这样说道："我长什么样就怎么画，不掩盖任何缺陷"。

沃尔特·司各特爵士说："传记是文学创作中最具吸引力的。但是，如果不能真实准确地把握人物的光和影，就会趣味减半。读者既反感舞台上大声怒吼的英雄，也不会与歌功颂德的作者产生共鸣。"艾迪生从读过的书中获得的快乐与满足越多，就越想了解作者的性格和人品。诸如作者有过哪些经历？性格脾气如何？是否与书中的主人公有相似的人生？是否把崇高的思想付诸行动？

埃杰顿·布里奇斯爵士曾经说过："如果伟大的诗人们都能把自己的生活和感受如实地告诉我们，那该多好啊！我们很想知道他们小时候与谁玩耍？为什么选择了文学的道路？有什么好恶？有哪些烦恼与痛苦？有什么兴趣爱好？热衷于什么？是否产生过绝望之情？是否做过让自己后悔或者让自己很满意的事？怎样为自己辩解，等等。"但是，这些事情很难都一一写进传记里。

如果要写一个人的一生，就必须实事求是，包括他的怪癖、缺点都应该记录下来，这些其实就是他性格的特征。但是，要做到这点是比较难的。无论你是好意，还是出于其他目的，若想了解主人公一些不为人知的细微举动，唯一的方法就是和他有亲密的私人交往。可是，考虑到主人公的生活，也许当时并不能把所有内容都公开。然而当一切都可以公之于众的时候,那些细节已经从你的记忆中消失了。约翰逊就很不愿意谈论与自己同时代的诗人的事情,他觉得那样做就"仿佛踩在还没有完全燃尽的炭火上一样"。正是因为这个原因,我们很少能从世界伟人的亲友当中获得伟人的真实情况。

如何驯服自己心中的"野兽"

尽管自传很吸引人,但是不要指望作者能毫无保留地把自己展示出来。因为人们在写回忆录时,不会把自己的一切都告诉读者的。圣奥古斯丁是个例外。很少有人能像他那样敢于把自己天生的恶习、狡猾与任性全都写在《忏悔录》里。

苏格兰高地地区有句名言说:"如果把优秀人物的缺点写在他的额头上,他肯定会拉下帽檐遮盖的。"伏尔泰说:"谁都有自己也不喜欢的缺点,每个人都知道自己心中藏着一头凶猛的野兽。但是几乎没有一个人坦率地告诉我们,他是如何驯服这头野兽的。"卢梭在《忏悔录》中看似吐露了心中的秘密,其实那还不到他心中所想的一半。尚福尔似乎并不在意别人对自己的评价。但就是他说了下面这番话:"在现实社会中,要把自己所有的秘密、性格特点以及弱点都袒露出来是不可能的,即使是亲密无间的好朋友之间也不可能。"

当然，自传也有一定的真实性，但因为仅是其中的一部分，所以自传还是充满了谎言。自传里描述的不是作者的真实形象，而是他的理想、伪装或是辩解。虽然他如实地刻画了自己的侧面，但是，谁又能保证另一面没有个丑陋的疤痕，或是一只斜眼，与我们看到的完全不同呢？

揭示掩藏在假面下的本性

与英国相比，法国有很多传记形式的回忆录。每一部回忆录里都有许多奇闻逸事和看似无足轻重的小事，对读者理解人物的性格和生活有很大帮助。但是，这些内容多以当时社会的一般时势和文化为焦点。只有圣西门的《回忆录》最值得一读。这本书对人物品格进行了非常详细的分析，是当时解剖学式传记的集大成者。路易十四[5]过世后，圣西门可以说是路易十四过世后的宫廷中的间谍。他热心于研究每个人的性格，细致观察他们的表情、语言、说话方式以及出入身边的各种人物，试图以此来揣测他们的动机和目的。

他说："我近距离地观察每一个人物，眼睛从没离开过他们的嘴巴、眼睛和耳朵。"就这样，他将耳闻目睹的事情全都如实并且生动地记录在笔记本里，准确、尖锐地戳穿了宫廷大臣们隐藏的秘密。他研究人物性格的热情已经成为一种贪婪的欲望，甚至让人感觉有些残酷。圣伯夫对圣西门的做法感到很惊异，他说："这个热心的解剖学家，为了查找病因，可以毫不犹豫地把手术刀刺向病人还在跳动的心房。"

用语言刻画人物与用水彩描绘人物是一样的，都需要高超的技巧、非凡的观察力以及熟练的笔法。一个普通画家看到人物脸型时，只会照样复制；而优秀的艺术家则通过脸型发现人物生动光彩的灵魂，并把它展现在画布上。

塞缪尔·约翰逊的传记中就记载了许多他的细小习惯和散言碎语，所以非常生动。这主要得力于作者鲍斯威尔敏锐的观察力。鲍斯威尔非常崇拜约翰逊，正因为这种单纯的爱慕和敬仰之情，才使得鲍斯威尔出色地完成了大作家也有可能失败的工作。鲍斯威尔在传记中告诉我们约翰逊穿什么样的西服、说了什么话、最讨厌什么等，甚至把约翰逊的缺点都毫无保留地暴露出来。这部传记可以说一部非常了不起的典范作品，是通过语言文字完美勾画伟大人物形象的绝世佳作。

如果没有这位出身于苏格兰的狂热追随者与约翰逊的亲密接触，并醉心于他的人品，恐怕约翰逊不会成为今天这样知名的大作家。在鲍斯威尔写的传记中，约翰逊的形象栩栩如生、跃然纸上。假如没有鲍斯威尔，约翰逊或许只是一个作家的名字，不会在人们头脑中留下任何深刻的印象。

3. 让人生更精彩的强烈兴奋剂

书籍对老年人来说是最佳的伴侣，对于年轻人来说则是最强烈的兴奋剂。对年轻人的心灵产生重大影响的第一本书，往往会促使他们开辟新的人生道路。书籍可以帮助年轻人点亮心灵的灯，激起热情，开阔眼界，并一直影响着年轻人的品格。年轻人阅读一本内容充实而且睿智的书，就像结交了一位挚友。书籍会成为他们人生重要的起点，有时像一道预示新生的光芒。

詹姆斯·爱德华·史密斯第一次拿到植物学课本，约瑟夫·班克斯爵士偶然看到杰勒德的《植物志》，阿尔菲耶里第一次阅读普卢塔克的书，席勒初次接触到莎士比亚的作品，吉本对《世界史》第一卷着迷的时候，他们都抑制不住心中的兴奋，感觉到自己真正的人生刚刚拉开帷幕。据说年轻时的拉封丹以懒惰出名，但是，当他听了马莱伯朗诵的诗后，不禁大喊："我也是个诗人啊"，他的诗歌天赋从此被唤醒了。

不要吝惜购买人生的必需品

好书是无法替代的人生伴侣。通过读书人们可以提升思想观念，追求上进，避免无聊的交际。托马斯·胡德说："读书和追求智慧是一种自然的欲望，把我从道德堕落中解救出来。因为有书，我没有陷入赌博与酗酒之中，而是习惯了与伟大的作家们进行亲密交流，与莎士比亚、弥尔顿进行无声的对话，所以我不会也不愿意与那些愚昧无知的人在一起。"

可见，优秀的书籍可以激发高尚的行为，可以使心灵得到净化、提高、鼓舞和自由，并且让低级庸俗远离我们。好书还可以赋予我们高雅的愉悦，冷静的品性，振作的精神和温暖的人情。伟大学者伊拉斯谟甚至认为书是生活的必需品，而衣服则是生活的奢侈品，他经常把买衣服的钱攒下来买书。他最喜爱的就是西塞罗的作品，还说这些作品总让他感觉获得了新生。圣奥古斯丁也是偶然读了西塞罗的《霍滕修斯》[6]，才告别了放荡不羁的生活，埋头钻研学问，最终赢得了早期基督教之父的荣誉。

受众人爱戴的清教徒巴克斯特在列举死亡会剥夺自己哪些快乐时，想到了读书和学问。他说："当我死去后，我不仅会失去感官上的快乐，还会失去精神上的快乐，无法和有学问、有知识、有智慧、有信仰的人进行交流了。同时我还会失去读书的乐趣、聆听的乐趣。我必须离开我的书斋，不能再翻阅带给我快乐的书籍。我不能再与活着的人为伍，也看不到坦诚相待的友人了，当然他们也看不到我了。家、城市、原野、庭院、散步都与我无关。我也听不到关于社会时事、流言蜚语、战争形势的消息了。我一直最关心并祈愿人类在睿智、和平和信仰方面能够得到发展，然而却无法实现了。"

推动时代精神向前发展的伟大力量

书籍对人类文化的发展产生了毋庸置疑的影响。书籍是人类知识的宝库，记录了所有学术领域的事业、成就以及思想方面的成功和失败。书籍一直是推动时代进步的最强大的动力。博纳尔说："从《福音书》到《社会契约论》，引发社会革命的总是书籍。"

事实上，一部伟大著作的威力绝不亚于一场伟大的战争。即使是虚构的文学作品，有时候也会产生巨大的社会影响力。法国的拉伯雷和西班牙的塞万提斯，在同一时期分别颠覆了中世纪修道院制度和骑士制度，他们的唯一武器就是勇敢的文人的表达方式——讽刺。

与英雄相比，诗人更能垂世不朽。因为他们吸入了更多的新鲜气息，他们的思想与行动可以完整地留给后人。荷马和维吉尔虽然逝去，但我们对他们的生平了如指掌，就仿佛曾与他们共同生活过。因为我们手里捧着的，枕边放着的，大声朗读的都是他们的作品。除了文字作品，没有其他任何东西可以在地球上留下可视的足迹。文学家永远活在他们的著作里。英雄虽然征服了世界,但是最后只能化为骨灰罐中的灰烬。

思想与思想之间的共鸣,比思想与行动之间的共鸣更亲密,更富有生命力。星星之火可以燎原,人的思想会相互联系、发展壮大。而献给英雄的赞美词,就像大理石纪念碑前焚烧的香火一样空寂。

随着时代的变迁,语言、思想和感情会越来越具体,但是物质、肉体和行为只会慢慢消失。美德和高尚的人格也会消失殆尽。只有智慧是不朽的,可以完整地传承给子孙后代。哈兹里特说:"只有语言文字是唯一能够永世长存的。"

译 注

1. 亨利四世(Henri IV, 1553-1610):法国国王(1589-1610),也是法国波旁王朝的创建者。亨利生活的世纪正是法国宗教战争流血纷争的时代。登上法国王位之前,亨利饱受圣路易后裔及新教徒领袖两种身份的影响,为了合法继承法国王位,他宣布改信天主教,并颁布南特敕令,为延续二十多年的宗教战争画上句点。法国的经济在他统治时代发展起来,亨利四世以他的名言"要使每个法国农民的锅里都有一只鸡"而深受人民爱戴。亨利四世是法国史上难得的人格和政绩都十分完美的国王，在长期混乱之后，重新建立了一个统一且蒸蒸日上的法国。在亨利四世之后的百余年里，是法国历史上最强大的时期，几乎称霸欧洲大陆。

2. 图尔（Tours）：法国中央大区安德尔-罗亚尔省省会。在图尔和普瓦蒂埃之间是图尔战役的战场。732年法兰克王国的宫相夏尔·马特在战斗中打败了来自西班牙的萨拉森人的侵略。

3. 萨拉森人（Saracen）：古希腊后期及罗马帝国时代叙利亚和阿拉伯沙漠之间诸游牧民族的一员。

4. 半岛战役（Peninsular War）：西班牙称为"独立战争"，葡萄牙称为"法国入侵"，而在西班牙加泰罗尼亚地区的人则称为"法国战争"，是"拿破仑战争"中最主要的一场战役。1806年拿破仑在柏林公布大陆封锁政策，令英国不能与欧洲大陆贸易，借此削弱其国力。由于葡萄牙继续与英国贸易，拿破仑发动半岛战役以夺得伊比利亚半岛的港口控制权。地点发生在伊比利亚半岛，交战方分别是西班牙、葡萄牙、英国和拿破仑统治下的法国。这场战役被称作"铁锤与铁砧"战役，"铁锤"代表的是数量为4万到8万的英—葡联军，指挥官是威灵顿公爵；同另一支"铁砧"力量——即西班牙军队和游击队，以及葡萄牙民兵相配合，痛击法国军队。战争从1808年由法国军队占领西班牙开始，至1814年第6次反法同盟打败了拿破仑的军队结束。

5. 路易十四（Louis XIV, 1638-1715）：法国国王，自号太阳王。路易十三之子。1643 年 5 月继承父位。他 9 岁时巴黎的贵族和高等法院起来反对国王。1653 年首相马萨林战胜了造反分子。此后朝政由马萨林独揽，路易十四即便在成年后也不敢过问。1661 年马萨林死去。路易十四表示他要负起统治王国的全部责任。他认为自己是上帝在人间的代表，所有造反行为都是罪过。他每天工作 8 小时，任何小事也不放过。非常幸运的是当时法国人才辈出，英杰遍地。路易十四善于利用他们。他是大作家莫里哀和拉辛的保护人。在他的时代法国的生活方式、主要城镇结构和山河面貌都有很大变化。他大力营建新的行宫，其中的凡尔赛宫至今犹存。路易十四在 77 岁时死去，法国臣民一直在称颂他。而外国报刊则把他比作嗜血的老虎。伏尔泰把他比作罗马皇帝奥古斯都，在治国方面既有优点亦有缺点。

6.《霍滕修斯》(Hortensius)：又名《论哲学》，写于公元前 45 年。这部对话以西塞罗的朋友演说家和政治家霍滕修斯的名字命名。奥古斯丁早年读到西塞罗的这篇对话后，留下了持久的印象，并对哲学产生了浓厚的兴趣。

第5章

构建良好的人际关系
——你能否从朋友身上获得成长的动力？

1. 体谅他人可以帮助自己成长

众所周知，体谅他人之心非常重要。因为它不仅能使人际关系顺畅和谐，而且还有助于事业成功。社会对一个人的评价很大程度上取决于他是否具有良好的言行举止。特别是处于领导地位时，出类拔萃的才能远不如谦和礼貌的言行更具影响力。要想在社会上获得成功，优雅而且真诚的言行是必不可少的，很多人就是因为缺少了这些而导致失败。

与人交往中，第一印象尤其重要。态度是否端正、言谈举止是否得当，往往决定了印象的好坏。不懂礼貌、粗野无理的态度会使人们关闭心灵之窗，而和蔼可亲、知书达理的态度，则能使所有人敞开心扉。

关怀他人可以拓宽眼界

人们常说"礼节塑造一个人"，其实应该是"人创造了礼节"。一个表面上粗俗无礼的人，或许是个心地善良、稳重踏实的人。假如这种人能够像真正的绅士一样，具备和蔼、礼貌的态度，就会更加受人欢迎，而且还可能为社会做出贡献。所以，一个人的行为举止在一定程度上体现了他的人格，同时也反映了他的内在本质、以往的生活环境、兴趣、情感和脾气。

一些沿袭下来的刻板礼节其实没有任何价值。但是,以自身素质为基础,通过严格的自我修炼而形成的自然的礼节,则是非常有意义的。特别是高雅的礼节产生于情感,这种情感也是崇高精神所必需的。也就是说,情感与才能、学问同样重要,而且情感对于一个人的兴趣爱好和性格具有更深远的影响。关怀是打开他人心房的钥匙。它不仅可以使人变得温和有礼,善解人意,还可以使人性和智慧得以充分彰显。关怀可以说是人性中最美好的部分。

然而,形式上的礼节大部分都没有用处,特别是一些被称为"礼仪"的,多是粗俗、虚伪,拘泥于形式,装模作样的东西,让人一眼就能看穿其本质。有时或许可以代替真正的礼节,但是,充其量只是个冒牌货而已。

不善于表达是很吃亏的事

礼貌由庄重的态度和善良的心地构成。庄重的言行是一种表达方式,反映了一个人的内心情感。当然,即使没有特别的情感,也可以采取庄重的态度,所以说礼貌其实只是一种非常美好的行为。

人们常说:"优美的身材胜过姣好的面容,美好的行为胜过优美的身材。与著名的雕塑、绘画艺术作品相比，美好的行为更能深深地打动人，可以说是最优秀的艺术作品。"然而，真正的礼貌不仅仅是一种美好的行为，更重要的是发自内心深处的诚意，否则就不会感动他人。没有诚意的礼节是虚伪的。我们应该去除天性中生硬和拘束的部分，把心中的诚意大胆地表现出来。而且，真正的礼貌如水一般，无色、无味、清澈透明，但是最好喝。人善良的天性会帮助我们掩饰缺陷。可假如没有了这样的天性和个性，我们的生活就会乏味、无聊，失去生气。

另外，礼貌也是一种善良友爱的情感。这种情感就是希望他人幸福，绝不做让他人感到不愉快的事情。而且不仅要善待对方，同时也不能忘记感恩之情，珍视他人对自己的帮助。

2. 这些"智慧心语"可以使生活更加充实

关怀就是尊重他人的人格。一个人如果想获得别人的尊重，首先要学会尊重他人。即使彼此的观点和意见有所不同，也要善于容纳。能够做到关怀、体贴他人，那么这个人就没有忘记敬重他人。有时候只是耐心地倾听，就会获得对方的尊重。这样的人懂得忍耐和克制，不会做出苛刻的评价，因为刻薄地批评很可能使自己也遭受同样待遇。

恶意的言辞和乖僻的性格代价最高

有些人举止粗鲁而且容易冲动，有时他们会因为一个玩笑而失去朋友。只图嘴上一时的痛快，其代价就是招人痛恨，被人唾骂。"恶意的言语和乖僻的性格是人类最昂贵的奢侈品。"

善于待人接物、通晓事理的人，不会表现出自己比旁人更优秀，更聪明，更富有。他们不会炫耀自己的社会地位或高贵的出身，也不会鄙视那些不如自己的人们，更不会不分场合地大谈自己的工作，吹嘘自己的职业和成就。恰恰相反，他们的言行谦虚慎重，毫不虚荣，也不装腔作势。他们总是通过实际行动来表现自己的真心，绝不会哗众取宠。

对自我要常踩刹车，对友谊要勤加油门

不尊重他人感受的人往往是那些狂妄自大的人，他们对人冷淡，拒人以千里之外。并不是说他们心存恶意，而是说他们缺乏关怀之意，太粗心。这种人从不考虑一个细小言行会给他人带来快乐，也可能会伤害他人，所以他们不会体谅、关心他人。

一个人在与人相处时，能否发扬自我牺牲的精神，很大程度上取决于其成长环境的好坏。缺乏自制能力的人是令人难以忍受的。这种人总会给周围的人带来麻烦，所以没有人愿意主动与他们交往。很多人就是因为缺乏自制能力，常使自己陷入困境而无法出人头地，更有甚者因为乖僻个性和粗暴无礼与成功失之交臂。

然而有些人虽然没有出色的才华，但是他们尽力保持自制、忍耐和镇静，最后为自己开辟了一条通往成功的道路。所以，有时候成功取决于一个人的性格，而不仅仅是才华。特别是充满活力、热情开朗的性格一定能获得幸福。在与人交往的过程中，如果你总是能找到适合每一个人的话题，即使是微不足道的小事也愿意乐善好施，那么你自己也一定会收获快乐的。

许多不礼貌的行为其实就是不尊重他人。例如：衣冠不整、蓬头垢面、令人不快的不良习惯，等等。一个不修边幅、邋里邋遢的人，会让周围的人感到不舒服，从而伤害了他人的感情。实

际上这也是一种粗鲁无礼的表现。

善于待人接物是一种才能

最恰当的礼节是轻松的，并不刻意吸引他人的目光，顺其自然、毫不造作。因为自然坦率与矫揉造作是水火不相容的。拉罗什富科说："欲望是无法掩饰的，总会自然地流露出来。"所以，一个人的真心诚意往往体现在他的言行上，即对待他人是否关怀体贴、亲切友好、谦恭礼让，是否善于待人接物。

率真诚实的人身上有一种自然的氛围。即使他们什么都不做，周围的人也会感到温暖、愉快，并对他们心悦诚服。他们所具备的更高层次的礼节，像他们的品格一样，可以成为一种真正的动力。

教士金斯利说："无论是富人还是穷人，只要和锡德尼·史密斯有关系的人都非常尊敬他、爱戴他。这主要是因为他善于尊重他人。在他的意识里富人和穷人，仆人和贵客是平等的，他对谁都一样热情、友好。因此，无论走到哪里，他总会给人们带来幸福，同时自己也获得了幸福。"

"关怀"可以为生活增添快乐

通常，人们认为礼貌是出身高贵或上流社会所特有的品质。

这种观点有一定的道理，因为上流阶层的孩子们从小就生活在非常好的环境中。然而，这并不能说明普通的劳苦大众就不会礼尚往来。凭借自己的双手辛勤劳动的人们，也有自尊，也能尊重他人。只要相互改变一下态度和语言，就可以通过礼节和关怀，表达彼此间的信赖和尊重。

具备了关怀他人的品德，快乐就会无限增多，无论是在工作场合、邻里之间，还是在家庭之中。即使是一个普通劳动者，也可以通过勤奋、礼貌与关怀，不断地启发同伴、引导大家。据说，本杰明·富兰克林在工厂当工人的时候，就以这种方式改变了整个工厂的工作作风。

懂规矩、讲礼貌是最实惠的"贵重品"

一个身无分文的人也可以做到遵守礼节。因为礼貌是一种无偿的、适用于任何场合的"贵重品"。同时，它也是最便宜的生活必需品，是艺术中最不起眼的作品。但它却有助于社会，带给人快乐，可以说它是一种美德。

爱好文雅的措辞、优雅的举止，这种兴趣是非常经济实惠的。不费一点功夫，就能在休息或工作时，让自己心平气和，若再与勤奋和恪尽职守相结合就最完美了。良好的兴趣爱好往往可以使贫穷的生活得到改善。它可以减轻家庭负担，使陋室充满情趣和光辉。还能在家中创造出欢乐愉悦的气氛，让家人倍感温暖。所以，良好的兴趣爱好若与关怀和智慧相结合，就可以激励生活贫苦的人，使生活充满乐趣。

玉不琢不成器

正如培养人格一样，学习礼节最好的、最早的学校还是家庭，母亲就是老师。一般而言，一个人在社会上的礼节，无论好坏，都是其家庭礼节的直接反映。当然，有些人虽然没有很好的家庭环境，但是也能像学习知识一样，向榜样学习，不断地训练，通过自身的努力，培养出良好的礼节和得体的态度。

我们每一个人都像一块未经雕琢的宝石，只有不断地与优秀人物交往，才能磨炼自己。就像宝石经过雕琢后才能闪闪发光、精美无比。然而，有些人就像一块只打磨了一面的宝石。如果他想成为一块价值连城的精品，我想就必须经过锻炼，积累人生经验，在日常的人际交往中以优秀人物为榜样，向他们学习。

培养正确的礼节需要丰富的感受力。由于女性的感受力比男性强，因此作为老师，比男性更具影响力。而且，女性具有更强的自我约束能力，天生比较文雅礼貌。另外，女性直觉灵敏，行动敏捷，具有看透他人内心的敏锐的洞察力，因此她们可以迅速认清对象，妥善应对。面对一些日常生活中的小事，女性可以本能地做出适当而机敏的反应，并处理得恰到好处。因此，彬彬有礼的男性通过与温柔善良的机敏女性交往，常能学到为人处世的精髓。

机敏是吸引他人的力量

在礼节当中，机敏是直觉性的行为。它可以帮助我们解决难题、摆脱困境，这是才能和知识难以做到的。一位评论家这样写道："才能是一种力量，机敏是一种特殊技巧；才能是静力，机敏是动力；才能告诉我们该做什么，机敏教给我们如何去做；才能可以创造出一个值得尊敬的人，机敏可以使一个人立刻获得尊敬。才能是财产，机敏则是手头里随时可用的零花钱。"

威尔克斯——长相奇丑的男子之一——常说："在吸引女性方面，即便是和英国第一美男子相比，他们之间的差距也超不过三天。"这就是机敏所具备的吸引力。当然，这个男子的话也警告我们不要被礼节所欺骗，因为它可以掩藏一个人的本性。有的人为了达到不可告人的目的，利用恰到好处的礼节来欺骗他人。

3. 真正的人性源于何处

　　礼貌和美术品一样可以打动人心，使人赏心悦目。但是，它也有可能是一种假面，就像"道德败坏却又道貌岸然"一样。因为，礼貌毕竟只是一个人的外在表现，是一种表面现象，很有可能是金玉其外，败絮其中。所以，极为优雅、得体的举止，或许只是赏心悦目的姿态和华而不实的措辞而已。

　　相反，有些人虽然不懂得礼貌，但却心胸宽广、心地善良。犹如坚硬的果壳中包藏着甜美的果实一样，态度生硬的外表下面往往蕴含着一颗善良而温和的心。这种人给他人的印象是举止粗俗，甚至不会鞠躬行礼，但是心中却充满了真诚、友善和温情。

严肃与温柔的最完美结合

　　路德曾被认为是一个粗暴无礼的人。这是因为他生活的时代社会动荡不安，到处充满了暴力，在这样的环境中，路德所从事的工作决定了他不可能温文尔雅、彬彬有礼。为了唤醒沉睡中的欧洲，他不得不在演说和写作中，使用一些激烈的言辞来鼓舞人民起来战斗。

　　当然，路德的激烈仅限于他的言辞，在他粗鲁的外表下掩藏着一颗火热的心。日常生活中，路德是一个和蔼可亲，单纯朴素的最普通的家庭型人物。他对待自己非常严格，可以说很苛刻，然而对他人却宽宏大量、热情友好，甚至可以说是一个令人愉快的家伙。

男子汉气概源于诚信

有些人对任何人都尖酸刻薄，总是挑剔、反驳他人的言论。虽然，这种人让人觉得冷淡无情，非常扫兴，但是做任何事都唯唯诺诺，随声附和，也会让人不舒服。这种人缺乏男子汉的气概，没有诚实感。

不关心与淡泊，赞扬与吹捧，似乎很难区分清楚。其实非常简单，以正确的方法做正确的事情时，最好不要忘记友好坦率的态度和深切的关怀。

有时候不易相处的人反而忠实诚信

自然而文雅的人与拘谨而生硬的人——在工作、社会活动或是人际交往中，哪一种人更受欢迎是不言而喻的。但是，要问哪一种人是最忠诚、最守信、最认真负责的朋友，则另当别论。

法国人称英国人是"呆板的英国人"。的确，英国人是有些冷淡、不热情，特别是初次见面时，有种拒人千里之外的感觉，而且喉咙里像是有刺一样，一言不发。这并不是因为英国人傲慢，只是因为他们过于害羞。他们也试图克服这种心理，但却毫无起色。

设想两个腼腆的英国人初次相遇，他们肯定像两根冰柱站在那里。两个人都会偷偷地移动自己的位置，最后变成背对背。如果是在旅途的火车上相遇，他们也是悄悄地坐在不同的角落里。这样内向的英国人，一个人外出旅行时，为了寻找一个周围没人的座位，他们可以沿着列车车厢一直走下去。当他们终于找到合适的地方坐下来的时候，如果有人走近就座，他们就会感到很不舒服。同样，在自己所属的俱乐部餐厅就餐时，英国人也总是寻找可以单独就座的桌子。有时候甚至会出现滑稽的景象：餐厅里所有的桌子都只坐了一个人。不善交际的态度主要是由于他们太羞怯，这也正是英国人无法改变的国民性。

极端羞怯的牛顿与莎士比亚

牛顿或许是他那个时代最害羞的人了。他的几项伟大发现都是很长时间以后才公开发表的，就是因为他害怕遭到不好的评价。著名的万有引力定律和二项式定理及其应用，都是多年以后才公之于世的。当牛顿告知科林斯他已解决了月球围绕地球自转的理论时，他也不希望科林斯将自己的名字和该理论一起登在《皇家学会会报》[1] 上。他说："如果公布了我的名字，就会让更多的人知道我。可是，我不善于婉言谢绝他们。"

据目前掌握的资料来看，莎士比亚可能也是一个非常腼腆的人。因为没有记录表明他曾编辑整理或是授权出版过自己的作品。所以，戏剧发表的日期及来龙去脉都不清楚。他在自己创作的戏剧中跑龙套，对社会舆论不感兴趣，更厌恶人们对他的评论。当他有了一点积蓄后，就立刻离开了伦敦这个华丽的戏剧中心。刚过四十岁就隐退，在英国中部的一个无名小镇安度晚年。由此可见，莎士比亚是一个非常羞怯、极度内向的人。

莎士比亚的内向可能与拜伦一样是因为他自己的跛足。另外，还有一种可能就是他对人生没有寄予太大的希望。这是一个值得注意的事实。这位伟大的剧作家在他的作品中，竭尽全力地发挥了自己的各方面才能、热情和美德，但是，却很少提到希望。大部分作品对未来是悲观的、绝望的。他的许多十四行诗也同样弥漫着绝望的气息。在诗中，他为自己的跛足而叹息，为自己的演员职业而辩解，为"没有自信"和"没有希望的爱情"而讴歌，他预感到自己"被关在棺材里的厄运"，于是在心中悲惨地呼唤"宁静的死亡"。

让我们提升自我的关键所在

文雅庄重的礼节、优雅大方的行为举止，以及所有可以使人生更美好、更快乐的艺术,都值得去培养。但是,不能为此而放弃作为一个人最根本的诚实、认真、正直等品德。美的本质是看不到的,必须用心才能体会到。艺术假如不能美化人生、提高品格,就毫无用处。同样,庄重的礼节如果不是源自真心,就毫无意义。艺术是快乐的源泉,可以帮助我们提高个人修养。但是,如果艺术达不到这个目的,就只能是一种感官享受,只会削弱我们的意志,使我们堕落。

诚实的勇气胜过所有优雅的举止;纯真的品性胜过非凡的气度;纯洁的身心是任何一件精美的艺术作品难以匹敌的。当然,我们也不能忽视培养礼节。但是,我们必须记住,我们追求的不是快乐、艺术、财富、权力、知识、才能,而是一种崇高伟大、纯洁卓越的人格。如果没有友好和善意为基础,那么一个人无论多么彬彬有礼、多么高雅,他所创作的艺术多么精湛,都无法让我们发展进步。

4. 榜样是决定我们一生品质和格局的关键

在家庭中接受的自然形式的教育，可以长时期影响我们，并且永远不会消失。但是，随着年龄的增长，总有一天家庭不再对人格培养起决定性作用，取而代之是学校教育和人际交往。人格将会在这些方面的强烈影响下逐渐定型。

寻找可以信赖的榜样

无论年龄大小，尤其是年轻人更喜欢模仿同伴的言行举止。乔治·赫伯特的母亲曾这样教育她的儿子们："我们的身体每天从肉类或是蔬菜中获取营养。我们的灵魂也是一样，会无意识地从周围人的言行中吸取养分，无论这养分是好还是坏。"

人格在形成过程中肯定会受到周边人的影响。因为人天生就会模仿，无论是他人的言谈举止，还是态度、姿势、动作，甚至思维方式都会或多或少地影响我们。伯克说："榜样没有意义吗？不，榜样可以决定一切。榜样是我们真正的学校，可以学到一切。"模仿总是在无意识的情况下进行的，因此榜样的影响是潜移默化，并且持久不衰的。只有当极易受影响的人遇到一个非常有影响力的人，人格的变化才可能很明显。然而，有时候一个不起眼的小人物，也可能对周围人产生某种影响。以他为榜样，周围的人们不断地受其影响，在感情、思维方式、习惯等方面渐渐与他相似起来。

爱默生说："常年相伴的老夫老妻，或是生活在同一屋檐下的人们，会在不知不觉间相像起来。"如果他们必须长时间生活在一起，最后我们可能无法区分他们了。老年人都会这样，那么极具可塑性、易受影响的年轻人，发生变化的可能性就更大了，因为他们随时都准备着模仿他人的言行。

查尔斯·贝尔爵士在信函中这样写道："关于教育，人们已经发表了各种各样的见解，但都忽视了榜样的力量。榜样才是最重要的。我之所以学有所成，就是因为有兄弟做榜样。我的家人都具有真正的独立自主精神，我向他们学习，才获得了自力更生的能力。"

近朱者赤，近墨者黑

环境对于人格的形成有很大的作用。特别是在一个人的成长期，其影响力最大，这也是很自然的事情。随着年龄的增长，模仿会渐渐成为一种习惯，并在不知不觉当中改变了一个人的性格。当你意识到的时候，这种习惯已经具备非常强大的力量，在一定程度上抑制了你的自由发展。因此，不良习惯一旦成为性格中的一部分，就相当于一个暴君控制了你。即使你在心中诅咒它、反抗它，也无济于事，最后只能沦落为恶习的奴隶。正因为如此，洛克指出："培养一种强大的能够冲破习惯势力的精神力量，是道德教育的主要目的之一。"

榜样教育虽然大多从自然的心态开始，在无意识的状态下进行，但年轻人也不必盲目追随或模仿周围人。因为只有自己的行动才具有强大力量，才能决定自己的人生目的和人生观。年轻人都有意志力和自由行动的能力，只要有勇气，就可以按照自己的意愿选择朋友。年纪大的人也一样。一个人只有在没有明确的人生目标时，才会被自己的习惯控制，或者是盲目地模仿别人。

人们常说："看一个人的交友，就可以了解他的品行。"的确，不喝酒的人绝不会与酒鬼为伍，举止文雅的人绝不会与粗暴无礼的人来往，洁身自好的人也绝不会与放荡不羁的人结交。因为与一个堕落不堪的人交往，你也会变得庸俗，也会有邪恶倾向。倘若越陷越深，那么你的人格必然会受到影响。这种人所说的话是很危险的，虽然当时对你没有产生任何伤害，但会在你心中撒下邪恶的种子。日后即使你离开了他，也一直会产生恶劣影响。塞内加说："就像染上了瘟疫，将来不知道哪天就会爆发出来。"

因此，年轻人如果能受到良好的影响和指导，并且能够理智地发挥自己的自由意志,那么他们必定会寻求比自己优秀的人做榜样,见贤思齐,努力向上。只要与积极向上、心地善良的人交往,总能吸收到自己需要的养分。反之,若与坏人同流合污,只能是有百害而无一利。

最好能体验富有教益的共同生活

与人相处,可以学到什么是爱、名誉和赞赏,也可能只会学到蔑视和厌恶。因此,最好和那些品格高尚的人生活在一起,这样就能提高自己,开阔视野。西班牙有一句格言说:"与狼共处,只能学会狼嚎"(Júntate con Lobos y aprenderás a Aullar)。

即使是普通朋友,最好也不要结交那些任性自私的人。因为你也会变得和他们一样冷酷无情、自以为是。这样既不利于培养心胸开阔的人格,还容易使人保守僵硬、道德败坏、心胸狭窄、不思进取。这对于一个胸怀雄心壮志、准备完善自我的人来说是致命的。

相反,与拥有聪明才智和丰富社会阅历的人相处,我们一定会获得激励和鼓舞,拓宽自己的知识面。与他们进行比较后,我们可以反躬自省,弥补不足。通过他们的眼睛,我们可以加深自己的认识;从他们丰富的人生阅历,特别是痛苦烦恼中,我们可以学到大量有益的经验教训。如果他们发展壮大了,我们就竭尽全力协助他们。因此，与头脑聪明、精力充沛的人交往，对培养人格一定会产生积极作用。不仅可以使我们增长才干，提高分析判断能力，而且还能够帮助我们树立远大目标，获得切实的能力，为人为己排忧解难。

有一位夫人这样说过："年轻时离群索居的生活给我造成很大损失，我常为此懊悔不已。顽固不化的自我意识一直是我最糟糕的室友。所以，我完全不知道该如何帮助别人，也不知道自己需要哪些帮助。一个人如果无法过平静安宁的生活当然不可取，但是与人相处，可以让我们获得心灵上的满足和丰富的人生阅历，还可以让我们产生越来越多的爱心，并且可以从他人那里得到许多宝贵的精神财富。另外，与人交往还有助于我们提高品格，明确目标，更好地开辟人生之路。"

人格会在生活的各个方面发挥作用。职场上如果有人具备高尚的人格，就会给同事带来勇气和力量，激起大家的上进心。相反，一个品德恶劣、怠惰懒散的人会在不知不觉中降低同事的品格。

与心地善良的人交往，必然会心生善意。善良的影响随处可见。在东方的传说中，散发着芳香的泥土说："在种植玫瑰之前，我只是普通的泥土"。瓜藤上长不出茄子，善良只会繁衍善良。教士莫塞莱曾说过这样一段话："令人吃惊的是，善良能产生出更多的善良。善良不会孑然独处,邪恶也总是结伴而行。它们还会产生出更多的善良和邪恶,生生不息,永无止境。就像一块石子投入池塘里,会产生阵阵涟漪,波纹最后可以到达池塘彼岸一样。我想世上存在的所有善良,都是这样从遥远的过去流传下来的。最初的善良应该是不为人知的上天的旨意。"拉斯金说:"邪恶之子只会繁衍邪恶,勇敢和自尊的后代只会传授勇敢和自尊。"

5. 身体力行的人最能服众

总而言之，我们在每天的生活中总会遇到好的或坏的榜样。品德高尚的人，他的一生对于培育美德、彻底否定邪恶是最有说服力的。乔治·赫伯特在教区工作时这样说："首先，我自己必须廉洁正直。因为一个品行端正的牧师，其言行本身就最具说服力。只有这样，人们才能油然而生虔诚之心，并希望像我这样生活。"他进而补充说："如今这个时代，言传不如身教，我一定要这样努力下去。"

善良以其伟大的力量吸引并影响着人们。具备善良品格的人才是名副其实的领袖，才可以引领众人。我们只要和他们在一起，就仿佛吸入了新鲜空气一样神清气爽，就像沐浴着温暖的阳光、呼吸着山野的清新空气一般，从他们身上我们可以不断地获得力量和鼓励。托马斯·莫尔爵士的温文尔雅的性格就具有一种强大的力量，能够呼唤善良、抑制邪恶。布鲁克勋爵谈及他生病的朋友、诗人菲利普·锡德尼说："闪现在他头脑中的聪慧和睿智，不是以语言和意见，而是以人生和行动的形式表现出来，让自己也让他人成为高尚的人。"

有存在感的人就有感化力

伟大而德高望重的人，哪怕是一个眼神，也能鼓舞年轻人奋进。年轻人见到温和、勇敢、诚实、心胸宽广的人，就会情不自禁地涌起敬仰之情。夏多布里昂只见过一次华盛顿，但却让他一生难忘。他这样描述了那次会面："在我还没有取得任何成就的时候，华盛顿就去世了。作为一个无名之辈，我曾从他的前面经过。他光彩照人、声名显赫，而我却籍籍无名。当天他肯定就忘记了我的名字，但是我却感到无比欣慰，他的目光就这样温暖了我的一生。伟人就是这样，哪怕一个目光，也能让我们感受到他的美德。"

尼布尔去世的时候，他的友人弗里德里克·佩尔特斯说："多么了不起的朋友啊！他让卑劣的坏人胆战心惊，让勤劳正直的人们有所倚靠。他是年轻人的良师益友"。佩尔特斯在另外一个场合还说："一生艰苦奋斗的人，如果身边有许多具有同样经历而又可以信赖的人，这是最值得高兴的事。邪恶的念头只要一看见优秀人物的画像就会消失得无影无踪。如果再想想他们的人生，你会惭愧地无地自容。"

有一个放高利贷的天主教徒，在准备骗人的时候，总是用布将自己尊崇的圣像遮住。评论家哈兹利特也说："在纯洁美丽的女性肖像画前，一个人不可能做出粗鲁无礼的举动。"据说曾有一个贫穷的德国妇女，指着墙上挂的路德肖像画说："只要看着他那刚毅、真诚的面容，我的心灵就能得到净化。"我们可以和房间里悬挂的伟人肖像进行交流。望着他的形象，你会感到很亲切，似乎更加理解他了。伟人的肖像就像一根纽带，把我们和高尚的品德联系起来。尽管我们远远不如他们，但是只要经常看到他们的形象，就能获得勇气和力量。

善良温柔的性格，也能对别人产生良好的影响。诗人华兹华斯就从妹妹多萝西身上获得了许多终生难忘的深切感动。从孩提时代到长大成人，他一直把妹妹当作上天赐予自己的宝贝。华兹华斯的妹妹比他小两岁，正是她无微不至的关怀和体贴感化了他，从而使他走进了诗歌的世界。可见，温和善良的性格也能通过感情和智慧的力量，影响他人的品格，使人上进。

伟大的精神是力量之源

充满活力的人格，常常能够激活他人的活力，两者之间会产生共鸣，而且随着彼此之间的交流不断加深，这种效果更明显。一个人如果精力旺盛地热衷于某项事业，那么他的周围不知不觉间就会聚集很多人。因为他身上有一种神奇的力量，使人们身不由己地想效仿他。这种力量像电流一样从他全身传导给周围的人，并在人们的身上激发出耀眼的火花。

阿诺德博士身上就有这种感染年轻人的电流。他的传记这样描绘他："他强烈震撼了年轻人的心灵，并不是因为他的才能、学问和口才，而是他全神贯注地投身于工作的精神，这种精神能让人产生共鸣并为之感动。他所成就的业绩源于健全而坚定的信念，而且由于他一直对神充满了敬畏之情，所以，他的业绩还源于深深的使命感。"

有才能的人如果发挥这种电流一样的力量，就能唤醒人们的勇气、热情和献身精神。任何一个时代都有许多经过极度宣扬而造就出来的英雄和殉道者。他们的人格具有极大的影响力，能够激发人们的灵魂，让生命复苏并充满活力。伟大的精神具有强大的辐射力。它不仅能产生力量，还能传递给别人，并创造出新的力量。但丁就是以这种力量激活了彼特拉克、薄伽丘、塔索等许多伟大的灵魂，并传承了自己的事业。

看看周围就能了解自己

伟大而德高望重的人受到人们的崇敬和爱戴。人们在赞美高尚品格的同时，可以提高自己的精神境界，把自己从自私自利之中解放出来，返璞归真。只要想起伟人的伟大思想和业绩，我们的心灵就会在瞬间被洗涤净化，我们的愿望和目标也会在不知不觉间得到提升。

品格论

圣伯夫说:"告诉我你所尊敬的人物,至少我可以猜出你的喜好、才能和人品。"尊崇卑鄙的人,说明你也是个卑鄙之流;羡慕有钱人,那你就是一个世俗之人;崇拜拥有显赫地位的人,那你肯定是阿谀奉承、极力迎合之辈;钦佩勇敢、诚实、刚强的人,那么毫无疑问你也具有同样的品格。

青少年时期正处于人格形成阶段,最容易产生崇拜的热情。随着年龄的增长,习惯成自然,看什么都无动于衷了。年轻的时候,性格具有可塑性,对任何事物都很敏感。这时,最好能鼓励年轻人崇拜伟人。年轻人有时会盲目崇拜,也可能会良莠不分,崇拜坏人。所以,当自己的学生面对光辉的业绩、杰出的人物、壮丽的景色而深受感动时,阿诺德感到无比的欣慰。他说:"'无动于衷'(Nil Admirari)是恶魔最喜欢的话语。如果学生们都失去了感动之情,那么我教授的最深奥部分就难以理解了。如果一个人受到反传统风潮的影响,那么他不仅会丧失自己最杰出的才能,而且还无法抵御愚劣和低俗的侵袭,实在是可怜。"

火眼金睛识真人

塞缪尔·约翰逊说:"一个人如果能认可并赞赏他人的长处,就会赢得许多朋友。因为这个人心胸宽广、坦率诚恳、热心助人,所以他能够由衷地为他人的成绩而高兴。"

约翰逊的亲密挚友鲍斯威尔，正是怀着对约翰逊真诚的崇拜、敬仰之心，才写成了传记文学的杰作《塞缪尔·约翰逊传》。约翰逊的人格魅力一直深深地吸引着鲍斯威尔，即使被别人轻视、误解，鲍斯威尔也从没有动摇过，这足以证明鲍斯威尔本人也具有杰出的品性。然而，麦考利却把鲍斯威尔贬得一无是处，他说："这个人意志薄弱，过于自负，不仅厚颜无耻，而且好打听，总是喋喋不休。此外，这个人还缺乏机智、幽默和口才，是一个令人讨厌的毫无是处的家伙"。

但是，卡莱尔对他的评价却比较客观真实："鲍斯威尔在很多方面确实过于自负，也可能有点愚蠢，但他却赞赏、崇拜真正的睿智，他身上有一种古老的崇拜主义精神。否则，鲍斯威尔不可能创作出《塞缪尔·约翰逊传》。正是具备了辨识睿智的慧眼和热情，而且还有极强的文字表达能力，鲍斯威尔才写成了这部杰作。另外，他还具有自由奔放的洞察力、卓越的才华，最重要的是孩童般的天真无邪和爱心"。

一定要有自己心目中的英雄

心胸宽广的年轻人，尤其是喜欢读书的年轻人，都有自己心目中的英雄。阿兰·坎宁安在尼思代尔当石匠学徒的时候，为了见沃尔特·司各特一面，毅然徒步来到了爱丁堡。大家无不赞叹这个年轻人执着的行为，钦佩他的决断能力。

诗人罗杰斯常常对人说："我小的时候，最大的心愿就是能见到塞缪尔·约翰逊。"但是，当他来到博尔特大院的约翰逊住宅门口时，突然感到害怕，未入其门就回去了。伊萨克·迪斯累里年轻时也和罗杰斯怀着同样的心情来到约翰逊宅前，尽管他有勇气叩门，但遗憾的是，开门的仆人告诉他说，就在几小时前这位伟大的《英语词典》的编撰者咽下了最后一口气。

心胸狭窄的人不会真心诚意地赞美别人。所以很不幸，他们无法理解伟人和他们的业绩，更不要说尊敬了。他们欣赏事物的器量也很小。癞蛤蟆眼里最漂亮的就是相好的雌癞蛤蟆。一个势利小人的理想就是做一个有名气的势利小人。奴隶贩子眼里只能看见人的身板值多少钱。据说一个几内亚的奴隶贩子，当着罗马教皇和画家戈弗雷·内勒说："我不知道你们有多伟大，但从体格上看并不能让我满意。我常用十几尼就能买下比你们两个加在一起还强壮的人。"

智者会向愚者学习，但愚者不会见贤思齐

法国的道德家拉罗什富科有一句格言："当别人遇到不幸时，即便是再要好的朋友，也不敢说一定能做到由衷的悲伤。"嫉妒、痛恨他人成功的人，其本质就是心胸狭隘、性格卑劣。

遗憾的是世上大多数人缺乏豁达开朗的心态。只知道嘲笑别人的人最让人厌恶。无论别人取得多么大的成绩，这种人都会对别人的成功感到气愤。他们不能容忍别人受表扬，尤其是受表扬的人拥有与自己同样的志向或职业时，他们的妒忌心就更加强烈了。即便他们能够原谅别人的错误，也不能容忍别人超越自己。只有遭受到挫折，他们才能清醒地认识到自己从前贬低别人的错误。有一个性格怪僻的批评家这样评论自己的竞争对手："上天赋予他如此多的才华，叫我怎么能高兴呢？"

心胸狭隘的人只想着嘲笑、攻击、挑剔他人，他们对任何事情都是冷嘲热讽，他们最高兴的莫过于发现伟人也有缺点。乔治·赫伯特说："智者若无一点过失，愚者或许会无法忍受。"智者能够通过自己的错误认识愚者的本质，但愚者很难从智者树立的榜样中获得任何感动。德国有一个作家感叹道："看不到伟人或伟大时代的美好一面，只会鸡蛋里挑骨头，这是一种极为可悲的性格。"

6. 正确的热情可以激发才能

翻开历史我们会发现，学习伟人的人生、做法、才华，塑造自己人格的例子，可谓不胜枚举。军人、政治家、演说家、爱国者、诗人、艺术家等，他们都在有意无意中、或多或少从伟人的行为和人生中获得帮助。

伟人也会受到国王、教皇和皇帝的赞赏。弗兰切斯科·德·梅迪奇在与米开朗琪罗说话时一定会摘掉帽子。教皇尤里乌斯三世[1]总是让米开朗琪罗坐在自己身边，而红衣主教们只能站着。查理五世[2]总是礼让画家提香。有一次提香不小心掉下了画笔，皇帝竟然弯腰拾起画笔，并对他说："您值得我这个皇帝为您效劳。"教皇利奥十世[3]以开除教籍来威胁那些未经阿里奥斯托同意印刷和出售其诗集的书商。也是这个教皇在拉斐尔临终的时候在旁伺候，正像法王弗朗索瓦一世[4]对列奥纳多·达·芬奇所做的那样。

才不孤，必有邻

海顿曾经开玩笑说过，他人且不说，至少音乐老师不喜欢也不认可我的作品。但是，令人惊讶的是著名音乐家之间却相互认同彼此的才华。海顿好像从来就没有受到过别人莫名其妙的妒忌。

海顿极度崇拜意大利著名作曲家波尔波拉，甚至下定决心去给他当仆人。在他获得和波尔波拉家人见面的机会后，终于如愿以偿。每天清早，海顿都认真地为这位音乐前辈刷去外套上的尘土，擦掉皮鞋上的污垢，梳理杂乱的假发。但是，波尔波拉开始总是对突然出现的海顿发脾气，后来慢慢地有所好转，最后甚至产生了友爱之情。他很快发现了海顿的才华。在波尔波拉的指导下，海顿的才能得以发挥，最后终于成为一代著名的音乐大师。

此外，海顿也狂热地崇拜亨德尔，甚至断言说："亨德尔是我们所有人的父亲"。斯卡拉蒂也是亨德尔的崇拜者。据说斯卡拉蒂每次听到亨德尔的名字都会在胸口画十字，以示敬意。莫扎特更钦佩亨德尔，他说："亨德尔的音乐就像雷电一样震撼着我们的心灵"。贝多芬赞美亨德尔说："他是音乐王国的君主。"贝多芬临终之前，朋友送来了亨德尔的四十多卷作品。凝视着这些作品，贝多芬眼中闪烁着光芒，他指着它们喊道："啊，真理就在这里面……"

海顿不仅崇拜已故的音乐大师，而且也对同一时代的年轻人，如莫扎特、贝多芬的才能给予了高度评价。心胸狭隘的人也许会嫉妒自己的同行，但真正伟大的人却能够相互学习，相互珍爱。对于莫扎特，海顿这样写道："莫扎特的精彩音乐是谁也无法模仿的，我十分喜爱，并且深深为之感动。我希望世上所有的音乐爱好者，尤其是伟人都能理解他的作品，从他的作品中获得灵感。这样，世界上的每一个国家或许都想把莫扎特当作自己国家的国宝吧。布拉格不只是要努力留住这位才华横溢的音乐家，还应该给他优厚的待遇。否则，伟大天才的一生就太悲惨了。……想到这位稀世天才迄今都没有被世界上的任何一家皇室聘用，我就愤慨不已。请原谅我过于激动了，我实在是太喜欢这个人了！"

莫扎特也非常诚恳坦率地赞赏了海顿的长处，他对一位批评家这样说："就是把你我两个人加起来溶化了，也抵不上一个海顿"。同样，当莫扎特第一次听到贝多芬的音乐时，感慨地说："听听那位年轻人的音乐，我敢肯定，他将来一定会成为举世闻名的伟人"。

伟大的人生能够超越时代、永存不朽

伟人所树立的榜样是永远也不会消失的，他们将万古长存，一直激励后来人。传记小说告诉我们，努力奋斗后会成为什么样的一个人，成就什么样的事业。阅读了伟人的传记，我们就会重新充满自信和力量。书中的人物虽然伟大得令人难以企及，但是我们可以憧憬，并从中获得希望和勇气。伟人和我们一样体内流

淌着鲜红的热血,与我们生活在同一个世界上,他们的一生可以成为世界各国人民的力量。他们至今依然在激励着我们,指引我们沿着他们的足迹和正确的人生道路一直走下去。高尚的人格是人类永远的遗产,并且不断催生同样的人格。

中国有一句话:"圣人,百世之师也。闻柳下惠之风者,愚夫智,懦夫有立志。"[5] 优秀人物热血沸腾的生涯,永远是后人寻求自由和解放的精神动力,他们永远活在后世人们的心中。

品德高尚的人,他们说过的话语和具有表率作用的行为,必将世代相传下去。而且会融入后人的思想和心灵中,在人生的旅途中帮助人们,在临死之际慰藉人们。死于狱中的英伦三岛共和国的缔造者亨利·马顿曾经说过:"只有给后人留下宝贵的思想和做出表率的人,才能获得真正的伟人这一辉煌荣誉。"

译 注

1. 教皇尤里乌斯三世(Pope Julius III, 1487-1555):意大利籍教皇(1550-1555 在位),原名德尔蒙特。登位后设法限制枢机主教的圣禄并整顿隐修院纪律。他关心耶稣会,在罗马成立培养德籍司铎的学院，委托耶稣会会士管理。他赞成文艺复兴，整顿罗马大学，兴建圣安德烈教堂，任命帕莱斯特里纳为圣彼得教堂唱诗班指挥，米开朗琪罗为教堂建筑设计师。

2. 查理五世（Charles V, 1500–1558）：神圣罗马帝国皇帝（1519–1556）。1517年他与其母同为西班牙的统治者（称查理一世），1519年被选为神圣罗马帝国皇帝。他与法国弗兰西斯一世的争斗主宰了西欧事务，他们之间的战争几乎连绵不断。1555年查理将帝国分给了儿子（西班牙腓力二世）和弟弟斐迪南皇帝一世，自己隐居在西班牙的尤斯蒂隐修院。

3. 教皇利奥十世（Pope Leo X, 1475–1521）：意大利籍教皇（1513–1521年在位）。原名乔万尼·德·美第奇。他是文艺复兴时期挥霍最甚的教皇之一，由于他没有认真对待路德所提出的问题和所进行的活动，导致统一的西方教会解体。

4. 弗朗索瓦一世（Francis I, 1494–1547）：法国国王（1515–1547年在位）。1515年1月1日登基，时年20岁。他委托母后摄政，匆匆进军意大利。在马里尼亚诺战役中，亲率骑兵冲锋陷阵，击败马西米利亚诺·斯福扎公爵的号称无敌的瑞士雇佣兵。教皇利奥十世在波洛亚迎接这位征服者，向他献上拉斐尔所绘的圣母像。弗兰西斯一世组成一个灿烂辉煌的宫廷，群贤毕至，朝夕共乐。他欢迎美丽的夫人入宫，曾说："宫中如无淑女，有如一年没有春天，没有玫瑰花一样。"弗兰西斯经常到全国各地游历。不分冬夏,总是骑马。他熟悉人民、道路、河流、资源以及老百姓的各种需要。在旅途中,他大批释放罪犯,制止贵族滥用司法权,并为当地人民举行运动会,并发表热情洋溢的演说。在讲演时,开头总是称呼:"我的朋友们……"1519 年德意志皇帝马克西米连去世,由孙子查理继位。查理五世企图建立一个广袤无垠的大帝国,但主要的障碍是弗兰西斯一世。因此,两人具有不共戴天之仇。1521 年查理五世同法国在北方和比利牛斯山区开始交战,这次残酷的战争足足延续 27 年。1525年弗兰西斯一世在帕维亚战役中负伤后被俘。查理五世要求法国必须割让 1/3 的土地,才能使弗兰西斯一世得到自由。但是,弗兰西斯一世回答说:"我宁愿永世当囚徒,决不接受有损我的王国的条款!"他被关在马德里一个塔楼中,创作许多悲伤的诗歌,并给臣民写了不少的书信。在狱中,他把王位让给他的长子。但是,这位太子年纪太小。法国人认为,群龙无首,国家必将灭亡。因此,他们不论付出多大代价,都要迎接弗兰西斯重归祖国,结果缔结了《马德里条约》(1526)。条约的最后一个条件是:弗兰西斯要交出两个较大的儿子(一个 8 岁,一个 7 岁)充作人质。为了赎回儿子,他不得不放弃意大利,并且交付 200 万金克朗的赎金。1536 年弗兰西斯一世对查理五世重新开战,并与土耳其人结成反对查理的同盟。后在朗布依埃去世。

5. 语出《尽心章句下·第十五章》：孟子曰："圣人，百世之师也，伯夷、柳下惠是也。故闻伯夷之风者，顽夫廉，懦夫有立志；闻柳下惠之风者，薄夫敦，鄙夫宽。"英译文"A sage is the instructor of a hundred ages. When the manners of Loo are heard of, the stupid become intelligent, and the wavering, determined"与中文略有出入。

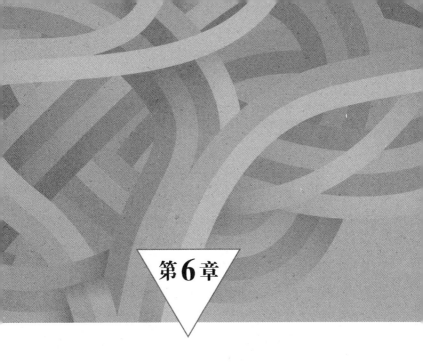

第6章

做人生的赢家
——此时此地你能否全力以赴?

1. 以坚定执着的信念迎接挑战

我们从有勇气的人身上可以获得巨大的精神力量。这里所谓的勇气，并不是临危不惧的血气之勇。那种勇气和斗牛犬的勇敢程度差不多，每个人多少都会有点，但是斗牛犬在狗类之中不算是最聪明的。这里的勇气指的是内在的默默无闻的努力和毅力。拥有这种勇气的人为了真理和职责，敢于迎接所有艰难困苦的挑战。这种勇气与为获取名誉、地位和沾满鲜血的桂冠的匹夫之勇相比，更富有英雄的气概。

精神方面的勇气是人类最理想的社会秩序的体现。它包括追求真理的勇气、正义无私的勇气、诚实做人的勇气、抑制诱惑的勇气，还有履行职责的勇气等。如果不具备这些勇气，就很难培养出其他的美德了。

坚持自己的信念，一步一个脚印地往前走才是最大的勇气

关于宇宙和地球，以及人类自身的详尽知识，都是由历史上的伟人们通过自身的活力、献身精神、自我牺牲和勇气传播开来的。无论遇到任何反对和诽谤，他们从不屈服，为人类社会做出了最卓越的贡献。

历史上对科学家的不公正待遇,今天依然昭示着我们。对于那些经过长期观察和认真思考后,自由诚恳地发表结论的人,即使与我们的想法不同,也应该宽容以待。柏拉图说:"世界是上天送给人类的书信。"因此,只有仔细阅读并研究上天给我们的书信,才能深刻并清楚地了解它的力量和智慧,才是对上天的仁慈最好的感谢。

历史上这样不朽的人物不胜枚举,他们坚定自己的信念,克服困难、危险和痛苦,维护正义,以坚强的勇气赢取道德论战。他们认为,若不能贯彻坚持真理的信念,宁愿选择死亡。他们从庄严的责任感中获得力量,在历史上以最英勇的形象出现,在今天则向我们展现无数历史上的最精彩场面。

为事业而献身的执着精神

托马斯·莫尔爵士的行为也充满了这样的勇气。他是一个极其虔诚的天主教信徒,因反对亨利八世[1]的离婚而被处刑。他泰然自若地走上刑台,心甘情愿地选择死亡,绝不违背自己的良心。

很多伟人在困难和危险的时候往往能得到妻子的安慰和支持,但莫尔却没能得到。他的妻子[2]虽然看望了囚禁在伦敦塔内的丈夫,但却没有给他带来丝毫的鼓励和安慰。她很难理解丈夫的想法,只要莫尔承认亨利八世的离婚,就可以立即获得自由,就可以在安静的书斋或是在切尔西带果园的舒适的家中与家人一起生活。可是他为什么愿意待在这样的地方呢？

有一天，她对丈夫说："以前你一直很聪明，为什么这次却这么傻，宁愿被关在这样潮湿狭窄的牢房里，与老鼠为伴，实在让我难以理解。你只要和其他的主教一样表态，就可以马上获得自由"。但是，莫尔与妻子的想法完全不同，他考虑的是自己的职责，而不是个人的欲望，所以，对妻子的忠告置若罔闻。莫尔温和而快乐地说："这儿的生活并不比家里差到哪儿去，是不是？"听了他的话，妻子轻蔑地驳斥道："真是愚蠢透顶！"

莫尔的女儿玛格丽特·罗珀[3]却与母亲相反，鼓励父亲坚持自己的信念，并尽心地安慰、支持他。莫尔的笔和墨被没收，他只好用碳棒给女儿写信。其中一封信中写道："你的信中充满了对父亲的思念和温情，这对我来说是多么大的安慰啊！要把你带给我的安慰都写下来，即使有满山的碳棒也不够。"

莫尔是一个献身真理的殉道者。他拒绝虚伪的宣誓，因为诚实而惨遭杀害。按照当时野蛮的惯例，他的头颅被砍下之后，悬挂在伦敦桥上。玛格丽特勇敢地请求把父亲的头颅取下来还给自己。她对父亲的爱已经超越了死亡的界限，希望自己死后能与父亲的头颅合葬在一起。很久以后，当人们打开玛格丽特·罗珀的坟墓时，发现那颗珍贵的遗物依然安放在她的胸前。

2. "不图谋安逸,不随波逐流" 才是人生的真谛

成功当然是对勤奋努力的回报,但我们常常要在看不到一丝希望的情况下坚持不懈地努力。这时候,我们只有依靠自己的勇气才能得以生存。我们要在看不到光明的黑夜中播种,并且希望它们能生根,发芽,结出累累的硕果。

崇高的事业总要经历无数次的失败,排除众多的反对和阻碍,才能取得胜利。胜利的结果并不是衡量英雄行为的标准,如何与反对势力做斗争,以及在斗争中显示出来的勇气,才更值得高度赞赏。没有获胜的希望却勇敢迎接挑战的爱国者,在敌人得意的叫嚣中死去的殉道者,以及如哥伦布一样的探险家,长年漂泊,尝尽艰辛之苦却毫不气馁。他们才是具有崇高的精神勇气的楷模。比起完美、显赫的成功,他们不屈不挠的奋斗精神更能深刻、强烈地打动我们。

然而,生活中所需要的绝大部分勇气并不是英雄式的气概,而是在日常生活中也能发挥作用的勇气。例如,坚守诚信的勇气,抵御诱惑的勇气,说真话的勇气,表里如一的勇气,以及自食其力,不依赖别人的勇气等。

艰难痛苦的抉择是锻炼自己的最好机会

世上几乎所有的不幸和邪恶，都是因优柔寡断或意志薄弱导致的。换言之，就是因为缺乏勇气。人们很多场合下知道什么是正确的，也知道自己应尽的职责，但却没有勇气做出决断，没有勇气付诸行动。意志薄弱、缺乏信念的人，说不出一个"不"字，只好受制于各种诱惑的摆布。如果交友不慎，他们就很容易受邪恶影响，误入歧途。

人格只有通过自身积极的行动才能得到不断的完善和强化。在人格形成的过程中，意志显示出最强大的力量，意志又是通过果敢的决断力才能锻炼出来。如果没有决断力，我们就无法抵抗邪恶，甚至连遵从善行也无法做到了。决断力能够赐予我们力量，帮助我们坚定自己的立场。因为只要稍有屈服，就有可能迈出自我毁灭的第一步。

依赖他人做决断，不仅没有意义，而且非常有害。我们必须养成独立自主做决定的习惯，尤其是在紧急情况下，必须相信自己的力量，依靠自己的勇气做出正确的决断。普卢塔克的《希腊罗马名人传》中有这样一段记载，在战斗最激烈的时候，马其顿国王[4]以祭祀大力神赫拉克勒斯为名，将部队撤到了附近的小镇上。当他祈求神灵保佑的时候，他的敌人埃米里乌斯却手持利剑，赢得了这场战斗的胜利。类似这样的事情，每天都在我们的生活中重复着。

只会空喊口号的人生最悲惨

有些人精心设计了完美的目标，却不去实现；只有口号，却不见行动；计划了许久，却总不实施，这一切都是因为没有决断的勇气。光说不做，还不如保持沉默。对待日常生活和工作也是一样，最关键的是速度而不是商量，行动才是最重要的。

蒂洛森说："当重要的事情需要马上处理，形势明朗，迫在眉睫，这时候优柔寡断、犹疑不决的态度是最糟糕的。还有人一心想要过新生活，可总不肯付诸实施。就像一个人把吃饭、喝水、睡觉都推迟一天，结果只能像饿死一样。"

另外，与社会的腐败势力做斗争是需要相当大的道德勇气的。尽管"格伦迪太太"[5]是个平庸的人物，但她的影响却是巨大的。尤其是女性，可以说是自己所属阶级社会的道德规范的奴隶。对于彼此的人格，她们都有一个无意识的标准。在不同的圈子、阶层、等级和阶级当中，都有各自的规矩和思想，如果不想被视为异己，就必须遵守这些规矩。于是，有人甘于被时尚束缚，有人则甘于被规矩或是狭隘的思想禁闭起来。

他们中间几乎没有人考虑外面的社会，或采取与他人不同的行为，也没有人试图接触充满独特见解和行为的自由世界。即使存在着被毁灭的危险，依然不假思索地与其他人吃同样的食物，穿同样的衣服，追赶同样的时髦。与其说他们是按照自己的想法生活，不如说是盲目遵从自己所属阶层的惯例。我们蔑视总是低着头的印度人，其实我们自己的社会也有畸形的习惯。我们必须深刻地认识到"格伦迪太太"在全世界随处可见。

无论是在私人生活中，还是在公共场合，我们都能够看到道德沦丧。庸俗的势利主义者不仅迎合富人，也常常取悦穷人。过去，人们对地位比自己高的人阿谀奉承，不敢讲实话。现在，则转向地位比自己低的人。因为，当今社会的政治实权是掌握在"一般民众"手里的，于是谄媚、讨好大众就成为一种社会趋势。但是，大众心里明白，那些所谓品德高尚的人，其实并没有一点美德。而且，他们为了隐瞒对自己不利的实情，公共场合只说有好处，而且比较稳妥的话语。一心为赢得民众的支持，常常提出一些明知不可能实现的"漂亮的"建议。

现在正需要逆流而上的力量和勇气

当今这个时代，政治家不仅要赢得有社会地位、有教养人士的支持，还要获得穷人的拥护，因为他们必须在选举中获得尽可能多的选票。即便是地位显赫、生活富裕、教养极佳的人，为了获得选票，也不得不低头迎合那些无知而又无能的人。他们宁可放弃自己的信念，做出不正当的行为，也不愿意失去人气。他们认为卑躬屈膝迎合大众要比显示刚强坚毅的态度和宽容博大的度量更容易，抵制偏见不如屈从于它。逆流而上是需要力量和勇气的，一条鱼如果两者都不具备，那就只能涸死在岸上了。

迎合大众口味的这种奴性趋势在过去几年中迅速蔓延起来，结果导致政治家的素质急剧下降。也就是说，政治家的良心变得越来越有"弹性"了。在议会上是一种良心，公开演讲时又是另一种良心。有些偏激的思想在日常生活中是有失平允的，但是为了迎合大众，政治家却公然给予认可。甚至连那些伪善的行为，他们近来都习以为常了。他们说过的话只是为了迎合与自己利益相关的人的意见，不过是一时的逢场作秀的谎言而已。

类似这种道德上的卑劣行径，在上层社会泛滥时，对下层社会也会产生影响。正如作用和反作用总是相等的，对上层的伪善行为和趋炎附势，必然会作用于下层。面对地位高的人，如果没有坚持己见的勇气，那么，对地位低的人还能期待什么呢？他们只能效仿眼前的榜样，用谎言和欺瞒来逃避责任，和地位高的人一样，即使言行不一，也无所谓。假如给他们一个可以隐藏自己行为的密封的箱子或藏身之处，他们肯定会在里面讴歌"自由"。

要敢于站在人生的正面舞台上，而不是充当替身

现如今的"人气"，并不一定都产生于支持，很多情况下也来自被反对。有一句俄罗斯格言说："硬骨头的人坐不上宝座。"一心想要博取人气的人肯定是个软骨头。为了博得众人的掌声和喝彩，他们不厌其烦地对所有人弯腰鞠躬。他们对民众献媚取宠，隐瞒事实真相，说的话和写的文章全都为了迎合大众的口味，并且一味地诉诸人们的阶级意识，煽动人们对上流阶级的仇恨。通过这种方式博得的人气，在诚实正直的人眼里，只是浅薄，一文不值。

边沁评价一个著名的政治家时说："他的政治纲领不是源于对大多数人的爱，而是源于对少数人的恨。一个人如果被自己的个人喜好随意左右，那就无药可救了。"当今社会，这种人不知道有多少呢。

约翰·帕金顿爵士这样说："最为世俗的人气是没有任何价值的。只有竭尽全力履行自己的义务，并且问心无愧，才会自然而然地产生出高层次的真正意义上的人气。"

一个人若要保持特立独行、充满活力的状态，还需要理性的魄力。我们必须有勇气坚持自我，不要充当别人的影子和传声筒；必须依靠自己的力量，独立思考，阐述自己的意见；而且还要不断地提高自己的思想，确立自己的信念。俗话说，不敢说自

己想法的人是懦夫,不愿付诸行动的人是懒汉,而没有自己观点的人是白痴。许多很有前途的人就是因为缺乏这种理性的魄力,半途而废,辜负了友人的期望。他们虽然勇敢地付诸行动,但是每前进一步,勇气都会随之流失。他们缺乏足够的决断力、勇气和毅力,处处计算风险,时时权衡机会,以至于错失良机。

3. "一门心思"的人，才活得坚强、伟大

人们出于对真理的热爱，才敢于正确阐述真理。英伦三岛共和国的缔造者约翰·皮姆说："我宁愿为说实话而痛苦，也不愿因我的沉默让真相受蒙蔽。"一个人如果经过深思熟虑后形成了自己的信念，就应该通过一切正当的手段付诸行动。有时候发表自己的意见，就会与他人的意见产生对立。这时候如果只是附和他人，就是一种犯罪，而不仅仅是意志薄弱的表现。面对邪恶，我们不能忍气吞声，只有顽强的反抗，才能击败它。

诚实的人蔑视欺诈，正直的人厌恶谎言，热爱正义的人抵制压迫，心灵纯洁的人反对歪门邪道。他们必定会与这些邪恶做斗争，而且会想方设法战胜它。这样的人在任何一个时代都是道德力量的楷模。他们的博爱精神和勇气，才是推动社会进步和革新的中流砥柱。如果不是他们坚持不懈地与邪恶做斗争，那么这个世界的大部分就会被自私和邪恶所统治。

恺撒之所以成为恺撒的最大原因

引导世界向正确的方向前进，并能掌握这世界的人，是信念坚定、富有勇气的人。意志薄弱的人不会留下任何功绩。正直坦

率、精力旺盛的人,他们的一生就像一道光芒照亮世界,并永远印刻在人们的脑海里。他们的思想、精神和勇气感动并激励着一代又一代人。

在任何一个时代,创造出非凡奇迹的都是活力,它是贯彻意志最重要的力量。活力还是人格魅力的源泉,是一切伟大行动的动力。

意志坚定的人依靠坚如磐石的勇气,开辟一条正义之路。正如大卫,就算眼前大军压境,也不畏惧,勇敢地冲向巨人歌利亚 [6]。只要坚信自己一定能够成功,就能战胜重重困难,而且这种自信还可以感染他人。恺撒在航海途中遭到了暴风雨的袭击,船长惊恐万分、不知所措。只见这位伟大的指挥官大声吼道:"怕什么?这船上不是有我恺撒在吗?"英勇威武的人,能立刻感染其他人,他的坚强也使那些怯懦的人镇静下来,并激励他们。因此意志坚定的人,绝对不会因遭到反对而沮丧、退缩。

第欧根尼想成为哲学家安提西尼的弟子,就去登门叩访,并请求说:"我愿意把自己的一生都奉献给你"。但是,他却遭到了无情的拒绝。然而,第欧根尼坚持要求安提西尼收他为徒。安提西尼举起粗壮的手杖,威胁他说再不走就要打他。这时候,第欧根尼说:"您尽管打吧。您会明白能动摇我坚定意志的手杖还没有造出来呢。"第欧根尼昂然地挺起了胸膛,安提西尼无言以对,便收他为徒了。

充满活力，再加上适当的智慧，这种人远比只有满腹才智没有活力的人更优秀。一旦有了活力，就会有处理实务的能力、力量与魄力。活力是人格永不衰竭的原动力。一个人如果具备了活力、智慧和沉着冷静，就一定能在人生的任何场合最大限度地发挥自己的实力。

总在逃避的人不会有安身之地

即使是能力一般的普通人，只要他充满活力、目标明确，就会取得意想不到的成果。很多对世界产生重大影响的人，并不是因为他们的天赋，而是源于他们无限的活力、坚定的意志和埋头苦干的精神。穆罕默德、路德、诺克斯、加尔文、罗耀拉和卫斯理就是很好的例子。

只要具备了活力、毅力和勇气，就能克服任何困难。勇气带给我们前进的力量，绝不允许逃避。毅力如果使用得恰到好处，就会随着时间的推移越来越坚韧。即使是身份卑微的人，只要具备坚韧不拔的毅力，就一定能够获得某种形式的回报。依赖他人的帮助是没有意义的。当米开朗琪罗的一个主要保护人去世时，他这样说道："我终于明白了，这个世界给我们的保证，绝大多数都只是一场黄粱美梦而已。相信自己的力量，做一个有价值的人,才是一条最安全的途径。"

真正勇敢的人才更懂得细心体贴

勇气和温柔并不矛盾。相反,越是行为果敢的男子,越会有不亚于女子的温柔和细腻。有勇气的人同时也是心胸宽广的人,换句话说,勇气自然使人产生宽容之心。

在内兹比战役[7]中,费尔法克斯从敌人旗手的手里夺过军旗,交给自己的部下,并嘱咐他小心保管。谁知,那个部下经不住虚荣心的诱惑,居然向伙伴们吹嘘说,军旗是自己从敌人那里夺来的。将军听说这件事后说:"就算他的功劳吧。因为我还有其他很多战功。"

在法国,有一个关于工匠自我牺牲精神的佳话。巴黎市内有一幢正在建造中的高大建筑,脚手架上站着工人,还堆放着很多建筑材料。这脚手架本来就不是很坚固,结果不堪重负,一声轰响后倒塌了。站在脚手架上的工匠们一个个都倒栽葱似的跌落到了地面上。只剩下一个青年工人和一个中年工人,他们两个人好容易抓住一块细木板,可是这块木板眼看就要断了。就在这时,中年工人喊道:"我求你了,放开手吧,我还有老婆孩子呢"。年轻人回答说:"明白了,你说得对。"说完,就松开手,跌向地面摔死了。年轻人的勇气让这位家有妻儿的中年人保住了性命。

　　勇敢的人不仅有温情的一面，而且还具有宽容精神。即便是在激烈的战斗中，也能宽大地对待敌人，绝不会攻击已无还手之力或手无寸铁的人。关于查理五世有这样一段故事。攻下维滕堡[8]后，查理五世在路德陵墓前阅读碑文，这时随行的部下为讨好他，打开了路德的棺盖并提议说："让大风把这个异端分子的尸骨吹走吧。"听到这句话，查理五世气愤得脸涨得通红，厉声斥责道："我决不会鞭打一个死者。玷污这座墓就更荒唐了。"

4. 人生只有实力是最可靠的保证

伟大的异教徒亚里士多德对于心胸开阔的人有这样一段描述。这也可以说是最理想的绅士形象,也适用于当代。"心胸开阔的人,无论是邂逅幸运,还是遭遇不幸,都不会采取极端的行为。成功时他们不会欣喜若狂,失败时他们也不会沮丧悲哀。危险虽然无法避免,但他们绝不会自寻烦恼,因为他们心中没有什么事情萦绕不去。他们平时言语不多,说话的语调也比较缓慢。可是,一旦需要,他们会毫不掩饰地大胆说出自己的想法。他们相信自己的实力,所以就能肯定他人的长处。即使受到污辱,他们也毫不在意。他们不会过多地谈论自己,也不会议论别人。因为他们不喜欢被人吹捧,也不愿意别人受到伤害。他们不会因为一点琐事就大吵大闹,当然他们更不会什么事都求助于别人。"

相反,心胸狭窄的人难得赞美别人。他们不懂得把握分寸,不大度也不宽容。总是欺凌弱小和毫无防备的人。特别是当他们用不正当的手段窃取高位以后,就会更加盛气凌人。上流社会的庸俗势利是最不可救药的,因为他们常常缺乏人情味。他们颐指气使,做什么事情都显出一副自以为是的样子。地位越高,与地位不符的破绽就暴露得越明显。正如谚语所说:"猴子爬得越高,尾巴就看得越清楚。"

吝啬的人连他的灵魂也住在穷巷陋室里

无论做任何事，方法都是非常重要的。心胸宽广地做一件事，就让人觉得和蔼可亲；而斤斤计较地做一件事，就算不是刁难别人，也会让人觉得小家子气。

贫困交加的诗人本·琼森卧病在床时，国王送来了一封例行公事的慰问信和一点慰问金。具有刚正不阿精神的诗人见到后，毫不客气地说："因为我住在穷巷陋室里，所以就送给我这些东西。告诉国王，他的灵魂才真正地住在穷巷陋室里"。

综上所述，坚韧不拔的勇气，在人格的形成过程中具有极其重要的意义。它不仅对生活很有裨益，而且还是幸福的源泉。相反，胆小、卑怯则是人生最大的不幸。所以，明智之人在教育孩子时，总会把培养勇敢无畏的精神放在首位。勇敢无畏与勤奋、注意力、钻研等一样，是可以通过训练培养出来的习惯。

我们周围的许多恐惧，都是自己凭空幻想出来的。即便没有多大的可能性，人们也觉得可能要发生。被自己想象的恐惧吓得不知所措的人，当他们看到有人敢于面对真正的危险，能够鼓起勇气克服困难时，肯定会大吃一惊的。因此我们必须控制这种无端的幻想，否则就会被自己想象出来的精神重负压得喘不过气了。

5. 在人生的田野中播种什么

在人生这所学校里，学生们积累了经验以后，究竟受益多少呢？通过精神锻炼，又收获了什么？智慧、勇气和自我控制能力是否得到提高？在幸福的生活中，能否保持诚实、自律和节制？或者，过着一种从不关心他人、自私自利的生活？从磨难和不幸当中学到了什么？还是只会急躁、不悦和抱怨？

不解放自己就无法前进

从经验中获得的东西，会在日常生活中以某种形式表现出来。生活就是时间。经验丰富的人懂得时间可以帮助自己。"时间与我同在，我无所畏惧"，[9] 这是马萨林主教的一句名言。时间可以美化往事，并慰藉人们的心灵，同时，时间还是一位教师。时间是经验的食粮，智慧的沃土。它可以成为年轻人的朋友，也可以变成敌人。一个人年老时的生活取决于他年轻时是有效地利用时间，还是无端地浪费时间。

对年轻人而言，新世界充满了新鲜的喜悦和快乐，看上去光辉灿烂。但是，随着时间的流逝，我们最终会发现这个世界不仅有快乐，还有悲伤。在人生的道路上，痛苦、悲伤、烦恼、不幸和失败会不断地出现在我们面前。只有一种人是最幸福的，他们以纯洁的心灵和坚定的信念，积极迎接挑战，即使背负重担，依然坚强挺立。

真正实用的智慧只能从经验这所学校学到。先人宝贵的教训和总结也有一定的价值，但是如果没有通过我们自己实践的锻炼，那些就只是纸上谈兵。我们不仅要读书、倾听别人的教诲，还要广泛地和很多人交往接触，这样才能形成真正良好的人格。当然，在这一过程中，必须面对严峻的现实。

此外，若想成为一个对社会有贡献、有价值的人，就必须脚踏实地勤奋工作，经得起各种诱惑和考验，受得住实际生活中的各种打击。与世隔绝的美德并没有太大意义。离群索居的生活即使快乐，也不过是一种自我满足而已。一个人悄然独处，既可以理解为蔑视别人，也意味着卑怯、怠惰和任性。

每个人都有必须承担的工作和职责，无论是为自己还是为自己所属的社会群体，都是不可推卸的。唯有作为社会的一员投身到实际生活中，才能掌握实践知识，获得各种智慧。在社会的大风大浪中经受考验之后，我们才能了解自己的职责，才懂得工作的艰辛，才能学会忍耐、坚持和勤勉，才能提高自己的人格。接触社会就是接受一种训练，即承受无限苦难的训练。在这种训练中学到的东西远比离群索居的隐居生活多得多。

知道自己"不能做什么"才能了解自己的实力

与他人交往也是了解自己的必要条件。只有自由地与很多人广泛交往,一个人才能正确评估自己的能力。否则,就很容易变成一个自以为是、狂妄自大、傲慢无礼的人。即便没有这么严重,也会因为不与人交往,最终一辈子都不清楚自己到底是个怎样的人。

斯威夫特曾说:"一个了解自己实力的人,绝不会错误地估计自己,而一个不了解自己能力的人,往往会制造出一个虚假的自我。"可见,若想在社会上有所作为,就必须正确认识自己。这是明确树立自己信念的第一步。弗里德里克·佩尔特斯告诉他的朋友:"你也许知道自己能够做什么,但是,倘若你不知道自己不能做什么,那么就无法实现远大的志向,也无法获得内心的平和。"

通过积累经验学出来的人,绝不会随便求助于他人。他们能摆正自己的位置,所以不会求别人帮自己去做与自己身份不符的狂妄举动。

我们不仅要珍爱自己,也应该向社会敞开心扉,不要羞于向比自己更明智、更有经验的人请教。通过积累丰富经验而逐渐成熟起来的人,总是努力正确判断耳闻目睹的事物,充分理解实际生活中的各种问题。我们称为常识的东西,大都源于最常见的经验，是审慎思考、分析判断后的结果。掌握这些常识，并不需要特别的才能，只要有毅力、准确性和注意力就可以了。

在我们见过的人当中，真正让我们觉得明白事理的人，大都是从事实际工作的人，他们说事儿，都是从自己亲身经历中所学到的知识出发的，与那些拥有空空如也理想的人大相径庭。

在你年轻而又充满热情的土地上播撒各种各样的种子吧

蕴藏在年轻人心中的一点点热情，是能够激励人生充满活力的原动力。这种热情无论燃烧得多么炽烈，随着时光的流逝，在人生经验的锤炼和压制下，会渐渐冷却。这时候如果能经得起别人的嘲笑，不气馁，把热情转变为勇气，就证明这个人拥有一个健全的、有前途的性格。这种热情是无私的、勇敢的性格的体现，而自私自利则是褊狭、任性的性格的标志。如果在人生刚刚起步的时候就自私自利和自视清高，就无法培育勇敢、宽宏大量的性格了。

青春是人生的春天。这时候如果不在年轻、宽大的心田上播种，那么夏天就没有鲜花盛开，秋天更不会有丰硕的收获了。这样的一生仿佛是一年中没有春天一样。若再没有热情，不敢大胆尝试，那么成果就更少了。只要心中充满热情，在自信和希望的刺激下，我们就会鼓起工作干劲，积极乐观地在商战与义务交织的冷漠世界中发展自己。

既脚踏实地又活得浪漫

"如果把现实与浪漫结合在一起，就是最有意义的人生了。在浪漫也就是热情的要素里有一种能量非常有价值，它能促使并支持人们采取崇高的行为。"这是勇敢的亨利·劳伦斯爵士所说的一句话。亨利爵士常提醒年轻人，不要熄灭热情的火焰，要精心地培育热情，而且要把这种热情引向智慧、崇高的目标。他说："浪漫与现实如果完美地结合在一起，那么现实就会沿着坎坷不平的道路，向着美好而又切实可行的目标前进，而浪漫则通过光辉灿烂的蓝图和坚定的信念，为我们减轻前进道路上的疲惫。因此，在这个一味追求物质利益的现实世界中，也存在他人无法干涉的喜悦。那就是，人们会发现距离自己的目标越近，越能感受到耀眼的光辉。"

约瑟夫·兰开斯特在十四岁的时候，因为读了克拉克森的《论非洲的奴隶贸易》，便决定离开家乡到西印度群岛，为居住在那里的贫穷的黑人诵读圣经。而且，他真的带上了《圣经》和一本《天路历程》以及几个先令就离开了家。他竟然顺利到达西印度群岛，可是到了以后，他却不知该如何开展工作，一筹莫展。失魂落魄的父母不久得知了他的行踪，立刻把他带回了家。但是，他的热情的火焰并未熄灭。从那以后，兰开斯特就一直投身于贫困教育的慈善运动中。

要成就流芳百世的伟大事业，热情是必不可少的。没有满腔的热情，可能就会屈服于不断降临的灾难和打击。如果具有热情、勇气和不屈不挠的精神，就会不畏艰险，克服困难，继续前进。哥伦布的热情就令人惊叹不已。他坚信新大陆的存在，并敢于扬帆驶向陌生的海域。在漫长的航海途中，总不见陆地，船员们开始失望，企图谋反，并威胁他说如不返航就把他扔进大海。但是哥伦布并不屈服，依然充满希望和勇气，直到地平线的尽头出现了广阔的新大陆。

"别人碗里的肉多"是有理由的

勇敢的人绝不会气馁，他们会不断尝试，直至取得成功。要砍倒一棵大树，第一斧是不会动摇它的，只有用力反复砍击，才能成功。我们往往只看到成功的结果，却并不知晓成功路上的危险、困难和艰辛。

当勒费弗尔元帅的一位朋友对他的财富和幸运大加恭维时，元帅回答说："你很羡慕我吧。那么我就以最低的价格把我的财产让给你。走，到大门外去！我从三十步开外的地方向你开二十枪。如果打不中你，我的财产全归你。什么？不要？那就算了。

你要知道,在我获得你今天所见到的幸福之前,曾在更近的距离内遭受过十次以上的枪击!"

只要有胆量,敌人就会变成纸老虎

人们在功成名就之前,总会历经很多磨难。但是,只要具有足够的胆量,失败反而会激发勇气,鼓励他们重新振作起来,再次迎接挑战。詹姆斯·格雷姆爵士和迪斯累里两个人,开始做演说时都曾遭遇失败,受到人们的取笑。但在经过艰苦卓绝的努力之后,他们终于成功了。格雷姆曾极度失意,产生过放弃公开演讲的念头。他向朋友弗朗西斯·巴林爵士诉苦道:"我曾经试着看一眼提纲,整理一下记忆,当场就发表即席演讲。总之,我做了各种各样的努力都不行。要成为一个成功的政治家,实在是希望渺茫啊。"但格雷姆没有放弃,终于与迪斯累里一起成为议会上最有影响力和感召力的演说家。

具有先见之明的人,遭遇失败后,会将失败的教训运用到其他方面。布瓦洛接受过律师培训,但是第一次在法庭上做辩护时,就遭到人们谩骂和嘲笑,狼狈不堪。后来他想当一名牧师,结果也失败了。最后他改行尝试做一个诗人,结果成功了。孟德斯鸠和边沁都不是一名合格的律师,但后来他们俩都转向从事更适合自己性情的法律研究工作。边沁给后代留下了适用广泛的立法理论，孟德斯鸠作为一名法学家，完成了名著《论法的精神》。

身处逆境，人才能更坚强

即使失去视力和听力这样重要的感觉，也无法阻挡勇敢的人们挑战人生。弥尔顿即使失明，也毫不胆怯地继续前进。他的杰作都是在他最痛苦的时期完成的，那时他年老体弱、贫困交加、遭人诽谤和责难，而且双目失明。

在伟人当中，有些人一生屡遭打击，但是他们却始终坚持与困难做斗争。但丁就是在流亡的贫苦生活中完成了他的杰作。由于反对派的迫害，他被驱逐出自己的家乡佛罗伦萨，住宅也被没收，而且还在缺席的情况下被法庭判处火刑。朋友告诉他说："你要是认罪并请求宽恕的话，就可以回到佛罗伦萨。"但是但丁却毫不犹豫地回答说："我不想那样回到故乡。你，或者是其他任何人，要是能给我开辟一条不损害我但丁名誉的道路，我立即就返回故乡。否则，我绝不再踏入佛罗伦萨一步。"由于敌人一直不肯放过他，但丁在外流亡了二十年后，客死他乡。但丁死了，但他的敌人依然觉得不解恨，根据罗马教皇使节的命令，他的著作《帝政论》在博洛尼亚被焚毁了。

甚至连米开朗琪罗在人生的大部分时间里，一直都遭受着愚昧无知的贵族、牧师以及各个阶层贪婪之人的嫉恨和迫害，因为他们无法理解他的才能。当教皇保罗四世[10]对他的壁画《最后的审判》的一部分表示不满时，米开朗琪罗反驳说："与其挑剔我的绘画，不如好好纠正教皇自己让全世界受污染的不道德行为和紊乱的秩序吧。"

在科学领域里，也有不少与迫害、痛苦和困难做斗争的殉道者。布鲁诺、伽利略就不必再说了，他们就是因为提出"异端邪说"而受到迫害的。还有一些不幸的科学家，他们的才华被凶恶的敌人无情地摧残了。曾任巴黎市长的法国著名天文学家巴伊和伟大的化学家拉瓦锡，都是在法国大革命中被送上断头台的。拉瓦锡被革命政府判处死刑后，曾请求将执行期延长两三天，为的是确认监禁期间才开始做的实验结果。可是，他的请求却遭到了拒绝，并被立即处决了。据说一个法官还声称："共和国不需要学者！"

与此同时，英国近代化学之父普里斯特利博士眼看着自己的住宅和研究室，在一片"学者滚开！"的喊叫声中被烧毁。离开祖国后的普里斯特利，最后客死他乡。

孤独是高尚灵魂的"养分"

也有不少伟人有效地利用被强制的独居生活出色地完成了

国王和教会教唆的暴民砸烧普里斯特利在伯明翰的住宅（1791 年 7 月 14 日）

自己的工作。对于他们而言，要使精神达到完美的状态，孤独是最好的办法。孤独的灵魂经过沉思内省后，往往能产生强大的活力。当然，能否有效地利用孤独，这要取决于每个人的品性、性格和修养。心胸宽广的人在孤独中越来越纯洁，而心胸狭窄的人只会变得暴躁。因为孤独是崇高精神的养分，但是，对于气量狭小的人而言，只意味着折磨。

意大利的爱国修道士康帕内拉因被怀疑犯有叛逆罪，在那不勒斯王国的黑牢中囚禁了二十七年，无法享受灿烂的阳光。但是，他寻求更加灿烂的光芒，创作了《太阳城》。这本书后来被翻译成欧洲多种文字，并多次再版。路德利用被关押在瓦特堡[11]的狱中时间潜心翻译《圣经》，还写了很多在德国广为流传的著名文章和评论。

我们今天能够看到《天路历程》这部名著，或许就是因为作者约翰·班扬身陷囹圄的缘故。在狱中，班扬得以重新审视自己。被剥夺自由后，班扬只有通过沉思默想来摆脱苦恼。他在贝德福德监狱先后总共生活了十二年，期间也有过几次出狱的机会。被誉为世界上最优秀的寓言《天路历程》，可以说在很大程度上得益于他漫长的牢狱生活。

笛福曾三次被绑缚街头示众，后来被投入大牢。在狱中他完成了《鲁滨逊漂流记》，以及许多政治性的小品文。

　　这些伟人受到过刑罚，也曾一度遭受挫折，但他们没有屈服。与一生安稳、没有遭遇任何挫折的人相比，他们给后世留下了强大深远的影响。

6. 给自己带来最大幸福的生活方式

苦难未必就是痛苦的。虽然它与痛苦的关系非常密切,但在某种意义上它也与幸福毗邻。苦难虽然痛苦,但是可以消除,而且它还是一种磨炼,这一点往往为人们所忽视。或许可以这样说,悲哀和痛苦是有些人获得成功必不可少的条件,也是促使他们发挥才能的必要方式。雪莱曾这样解释诗人:"不幸的人因痛苦而会作诗。痛苦会告诉他们如何作诗。"

倘若彭斯一直受世人尊敬,过着优裕的生活,或者拜伦拥有幸福的一生,美好的婚姻和高贵的地位,他们还能创作出如此杰出的作品吗?

令人撕心裂肺的痛苦有时候也可以唤醒冷静。

不经历风雨怎能见彩虹

许多人正是因为经历了猛烈的风雨,所以才成就了有益于社会的伟大事业。他们投身于工作是为了从不幸中解脱出来,有时是一种责任感使他们战胜了个人的痛苦。

达尔文曾谈道:"如果身体不是这么虚弱,我肯定干不了那么大的事业。"席勒创作那些伟大的悲剧时,身体一直遭受着拷打般的痛苦折磨。亨德尔手脚瘫痪、濒临死亡之际，在痛苦与绝望的折磨中依然伏案疾书，创作出不朽的名曲。莫扎特在债务重重、疾病缠身时，完成了伟大的歌剧和《安魂曲》的最后一章。舒伯特在贫困中度过了短暂而又辉煌的三十二年生涯。他身后留下来的财产，只有身上穿的衣服和 63 弗罗林[12]，还有自己创作的乐谱。

不要忽视乔装改扮的"幸福"

灾难不过是乔装改扮了的幸福。如果能有效地利用它，就可以获得数倍于它的幸福。古代波斯的先哲曾说："不要害怕黑暗，也许它是隐藏着生命之水的源泉。"

经历往往是痛苦的，但又是有益的。通过经历，我们懂得苦恼，学会坚强。人格是通过考验被磨炼，通过痛苦被完善的。因此一个人若是坚忍不拔，深思慎行，那么就能从无穷的悲伤中获得丰富的智慧。

杰里米·泰勒曾教导说："把悲伤或灾难当作是提高自己的考验吧。它会让我们集中精力、谨慎有节，戒除轻率的态度，远离罪恶深重的行为。我们必须通过不幸逐步提高品德、增长智慧、锻炼耐心，朝着胜利和光荣勇敢前进。"

没有人比那些从未经历过苦难的人更不幸的了，之所以这样说,不是因为他本人的好与坏,而是因为他们没有经受过苦难的磨炼。高尚的道德行为才能与胜利的桂冠相般配,而不只是具有才能和良好的性格。

一年三百六十五天晴天会让我们忘记太阳的恩惠

财富和成功本身不会带来幸福。不少人即使不断地遭遇失败,也能找到真正的快乐。歌德拥有健康、荣誉、才华和富裕的生活,恐怕是最幸福的人了。但是他却坦承,在他的一生中,真正快乐的日子不过五个星期。阿卜杜拉·拉赫曼三世在回顾自己五十年的统治生涯时说,他从心底感到幸福的日子只有十四天。听了这些话,我们应该能够明白,一味追求幸福的人生是多么虚幻缥缈啊。

如果人的一生每天都是阳光灿烂没有阴雨连绵,或者只有幸福没有不幸,或者只有快乐没有痛苦,这样的人生至少不能称为真正的人生。

人生最大的幸福就像一团缠绕着的纱线,由悲伤和快乐共同构成。正是因为有了悲伤,快乐才显得弥足珍贵。不幸虽然让我们悲伤,但是随之而来的幸福,却让我们体味到更大的快乐。甚至连死亡本身也会使人生更美丽,因为它把活着的人更加紧密地联系在一起。

托马斯·布朗博士竭力提出，死亡是人类幸福必不可少的条件。当死神夺走我们的亲人时，我们全身都感到无尽的悲哀，无法进行正常的思维。我们满眼泪水，眼前一片模糊。可是，随着时光的流逝，我们看事物，要比那些从没有经历过悲痛的人看得更清楚。

聪明的人逐渐会明白，对人生不能期望太高。他们以稳健的方式追求幸福，同时也做好了失败的准备。我们既要从心里体味人生的快乐，同时也要甘愿忍受痛苦的折磨。泣诉不满、怨天尤人都不能解决问题，只有坚持快乐，通过正当的方式不懈地努力工作才最有意义。

聪明的人对周围的人也不会期望太多。与他人和平相处时，最重要的就是忍耐。因为无论多么杰出的人物都会有些小缺点，我们应该以宽容、同情和怜悯之心待人。这个世界上没有完美无缺的人。

每个人的性格取决于天生的素质，又取决于幼年时代的生活环境。养育自己的家庭是否幸福、父母性格的遗传，以及生活中接触到的各种人物的好坏，都会对品格产生很大的影响。把这些因素都考虑在内，我们就会对周围人产生同情和理解，并能宽容地对待他人的缺点。

只有自己能够演绎出自己的精彩人生

人生的大部分，都是由我们自己创造出来的。每个人都会在各自心灵的土地上开创出一个小小的世界。愉快开朗的人可以快乐地度过一生，而牢骚满腹的人则一生悲惨。"心灵是我的天堂"这句话适用于所有人。穷人之中，有人有一颗国王般的心；而国王之中，也有人怀有一颗奴隶的心。人生，在很大程度上只是映照自己的一面镜子。对善良的人而言，整个世界都是美好的，而对邪恶的人来说，世界本身就是邪恶的。

所谓"人生"，就是一个努力为社会做贡献的舞台，就是以健全的思想和高尚的生活，为自己也为他人谋求幸福的工作场所。如果拥有这样的人生观，一生定会充满希望和快乐。相反，如果把人生看作是追求个人利益、快乐和财富的机会，那么一生就会在不断的劳役、辛苦和失望中结束。

活在当下，尽自己的本分

每个人活着，都应该作为社会的一员忠实履行自己的职责。这是最有人生价值的目的，而且是最终目的。真正的喜悦就是由此诞生的。这种觉悟能给予人最大的满足，如果没有这种觉悟，就会为后悔和失望所驱使。

当我们履行了在这个世界上应该承担的职责，该做的都做完时，就像春蚕织成小小的蚕茧后死去一样，我们也要离去。但是，即便是短暂的人生，我们也应该在指定的地方，不遗余力地向着远大的目标前进。如果我们能够顺利完成自己的使命，那么肉体的死亡也就无关紧要了。因为我们最终获得了永生不灭的灵魂。

译 注

1. 亨利八世（Henry VIII, 1491-1547）：亨利七世次子，都铎王朝第二任国王，1509 年 4 月 22 日继位。亨利八世为了休妻（阿拉贡的凯瑟琳）另娶新皇后（安妮·博林）而与当时的罗马天主教会反目，推行宗教改革，并通过一些重要法案，容许自己另娶，并将当时英国主教立为英国国教会大主教，使英国教会脱离罗马教廷，自己成为英格兰最高宗教领袖，并解散修道院，使英国王室的权力因此达到顶峰。亨利八世曾经有六次婚姻，而有两个妻子被其下令斩首。

2. 爱丽丝·米德尔顿（Alice Middleton）：莫尔的第二任妻子，大他 7 岁，是个富有的寡妇。她和莫尔并没有子嗣。莫尔说他"既不是珍珠，也不是女孩（nec bella nec puella）"，其意为她既不漂亮也不年轻。但莫尔在给自己写的碑文中，赞扬爱丽丝是个温柔的继母。

3. 玛格丽特·罗珀（Margaret Roper, 1505-1544）：英国作家、翻译家，曾翻译过伊拉斯谟的作品。当其父被关押在伦敦塔期间，经常和丈夫威廉·罗珀去狱中探望。她把莫尔的头颅浸泡在香料里保存，她死后由其夫继续负责保管。

4. 马其顿国王指佩尔修斯（Perseus，约公元前212-前166年），安提柯王朝最后一代国王。他统治了亚历山大大帝死后的马其顿。在彼得那战役失败后，向罗马统帅埃米里乌斯投降，最后被囚禁在罗马。安提柯王朝也被解散，代之以四个共和政体。

5. 格伦迪太太（Mrs Grundy）：虚构的英国人物，作为以传统观念在日常生活中进行挑剔苛求他人的典型。首次出现在 T. 莫顿（Thomas Morton）所著喜剧《加速耕耘》(1798 年)中，剧中一个叫阿什菲尔德夫人的角色，时刻担心着邻居格伦迪太太会对她的一举一动说些什么闲话。从此，"格伦迪太太"一词就变成人们日常谈话中衡量举止是否高尚得体的僵硬尺度。

6. 歌利亚（Goliath）：传说中的著名巨人之一。《旧约圣经·撒母耳记上》第 17 章中记载，歌利亚是腓力士将军，带兵进攻以色列军队，它拥有无穷的力量，所有人看到他都要退避三舍，不敢应战。最后，牧童大卫（未来的以色列国王）用投石弹弓打中歌利亚的脑袋，并割下他的首级。

7. 内兹比战役（Battle of Naseby）：英国内战第一阶段的决定性

战役。1645 年 6 月 14 日克伦威尔的新模范军与鲁珀特王子（Prince Rupert）的保王军在英格兰莱斯特以南约 20 英里外进行的战斗。从 5 月下旬保王军离开牛津后，新模范军便紧紧追击。他们在内兹比以北相遇，各自在山冈上布阵，中间隔着一道峡谷，保王军 1.4 万人，新模范军近 1 万人。全线展开进攻后鲁珀特打垮了新模范军的骑兵左翼，但犯了盲目追击的错误。新模范军的骑兵右翼打得很好，对敌方中军发动了决定性的进攻，使保王军一败涂地。

8. 维滕堡（Wittenburg）：德国哈勒专区城市。在柏林西南，濒临易北河。1180 年始见记载，1293 年为自治市。1517 年 10 月 31 日路德把他著名的《九十五条论纲》钉在城堡内万圣教堂的木门上，在维滕堡掀起了宗教改革运动。1760 年大火时木门被焚毁。路德墓所在的教堂于 1760 年和 1813–1814 年两度遭严重破坏，后已重修，1858 年改装铜门，门上刻有拉丁文的路德论纲。

9. 此话原出自西班牙耶稣会士和巴洛克风格散文家 Baltasar Gracián y Morales（1601–1658），原文为"El tiempo y yo，a otros dos"。

10. 教皇保罗四世（Pope Paul IV, 1476–1559）：意大利籍教皇（1555–1559 在位）。曾任罗马宗教审判大法官，1518 年任大主教，1536 年晋升枢机主教。1555 年 3 月 23 日成为教皇。保罗四世脾气暴躁，脏话连篇。还是一个强硬的极端保守主义者。他特别讨厌米开朗琪罗在西斯廷教堂里绘制的大量裸体人像，于是命人给画上的人物都添上衣服，这毁了不少艺术珍品。保罗四世执掌教廷期间，宗教迫害恐怖事件和暴力不断发生。当时天主教内有人怀疑宗教改革运动在一定程度上是犹太人鼓动起来的，保罗四世附和这种观点，以犹太人当年杀害了耶稣为由，采取前所未见的凶狠手段对犹太人进行迫害。他把罗马的犹太人赶进犹太区，命令他们把自己的财产以极低的价格转让给天主教徒，他的做法比纳粹早了400多年。他还让犹太人戴上区别身份用的黄帽子，规定他们不能和天主教徒结婚，也不得为天主教徒行医看病。犹太教堂遭到拆毁，犹太经书被焚毁。1559年保罗四世怀着保持正统的强烈愿望制订了《禁书索引》，禁止阅读61个出版商的全部书籍。这是思想钳制史上的一座里程碑，其余威一直延续到20世纪。从薄伽丘到哥白尼等一系列人物，全都被及时地请进了后来不断增加的黑名单，此外一切不是用拉丁文写的《圣经》也都被打入了地狱。保罗四世可能是最招人白眼的教皇——1559年他死后，欢腾的民众在罗马游行，把他的塑像砸了个粉碎。

11. 瓦特堡（Wartburg）：德国历史及传说上的著名城堡，在德国埃福特区爱森纳赫市附近的陡山上。1521年5月至1522年3月萨克森选帝侯腓特烈三世将路德掩藏在此，路德在此开始将原希腊文的《新约圣经》译成德文。瓦特堡在路德以后即已荒废。

12. 弗罗林（florin）：金币名，1252年首先在佛罗伦萨铸造，后来被欧洲若干国家仿造。

人名索引 *

A

阿伯克龙比，约翰（Abercrombie, John 1780–1844）——苏格兰内科医生、哲学家。被誉为"苏格兰内科第一人"，曾担任英王乔治四世的御医。哲学著作《人的智力和真理的探究》（1830 年）、《道德感的哲学》（1833 年）在当时获得广泛好评。　93

阿卜杜拉·拉赫曼三世（Abd-ar-Rahman III 889–961）——西班牙伍麦叶王朝第一代哈里发（929–961 年在位）。在他统治时期，伍麦叶酋长国的势力达到顶峰。　195

阿尔菲耶里，维托里奥（Alfieri, Vittorio 1749–1803）——意大利剧作家、诗人。通过抒情诗及戏剧促进意大利民族精神的复兴，被视为意大利悲剧的奠基人。代表作悲剧《克莉奥佩特拉》（1774–1775 年）、颂诗《攻占法国的巴士底狱》（1789 年）、讽刺诗《反对法国人》（1789 年）、《僭主论》（1777 年）。　111, 120

阿里奥斯托，路多维科（Ariosto, Ludovico 1474–1533）——意大利诗人。代表作《疯狂的罗兰》（1516 年）被公认为意大利文艺复兴时期

---

* 按汉语拼音顺序排列，页码为中文页码。——编译者注

的不朽巨著，无论在内容或形式上都达到了艺术性和精神境界的完美统一。　156

阿诺德，托马斯（Arnold, Thomas 1795-1842）——英国教育家、历史学家。1828-1841 年任拉格比公学校长。代表作 3 卷本《罗马史》（1838-1842 年）、《近代史讲座》（1842 年）。　151, 152

爱比克泰德（Epictetus c. 55-135）——古罗马最著名的斯多葛学派哲学家。代表作《语录》和《提要》由他的弟子阿利安辑录而成。　23, 24, 37, 41

艾迪生，约瑟夫（Addison, Joseph 1672-1719）——英国散文家、诗人、剧作家、政治家。1709 年为朋友斯梯尔创办的《闲谈者》投稿（42 篇），1711 年与斯梯尔共同创办《旁观者》杂志（投稿 274 篇）。1709-1713 任爱尔兰下议院议员。代表作散文诗《布伦海姆之战》（1705 年）、悲剧《加图》（1712 年）等。　116

埃尔顿的鲁滨逊（Robertson of Ellon 1803-1860）——原名詹姆斯·鲁滨逊 (James Robertson)。苏格兰教会的教长和大学教授。在立法会中以雄健的辩才著称。1832 年因被委派处理埃尔顿镇（苏格兰阿伯丁郡的一个市镇）教士的薪俸，故被称为"埃尔顿的鲁滨逊"。　17

埃米里乌斯，保卢斯（Emilius, Paulus 229-160 BC）——罗马共和国时期的军人、政治家。在第三次马其顿战争（公元前 171-前 168 年）中，结束了安提柯王朝在马其顿的统治。　168, 199

爱默生，拉尔夫·瓦尔多（Emerson, Ralph Waldo 1803-1882）——美国散文家、演说家、诗人。1836 年和其他志趣相投的知识分子创立了"超验俱乐部"，"超验主义"自此成为美国思想史上一次重要的思想解放运动。爱默生是确立美国文化精神的代表人物，被称为"美国文明之父"。代表作《自然论》（1836 年）、《散文集》（1841、1844 年）、《伟人论》（1850 年）等。 108, 110, 143

安提西尼（Antisthenes c.445-365）——古希腊哲学家。苏格拉底的学生、第欧根尼的老师。犬儒学派创始人。 175

奥弗伯里，托马斯（Overbury, Thomas 1581-1613）——英国诗人、散文作家。因所写诗歌《妻子》（1614 年）而成为一场谋杀案的受害者，死于伦敦塔。 32

B

巴顿，伯纳德（Barton, Bernard 1784-1849）——英国贵格会诗人。因与兰姆的友谊而被人们铭记。 58

巴克斯特，理查德（Baxter, Richard 1615-1691）——英格兰基督教清教派牧师。主张限制君权，在内战期间力主实行温和的改良。 121

巴林，弗朗西斯（Baring, Francis 1796-1866）——英国辉格党政治家。1826-1865 年任下议院辉格党议员。 187

巴伊，让-西尔万（Bailly, Jean-Sylvain 1736-1793）——法国天文学

家、共济会成员、法国大革命的早期领袖人物之一。因计算哈雷彗星轨道（1759年）和研究当时已知的木星四颗卫星而闻名。1789-1791年任巴黎市长，由于处理群众示威失当而引发练兵场惨案，因而被免职，最终在恐怖统治时期被推上了断头台。　189

拜伦，乔治·戈登（Byron, George Gordon 1788-1824）——英国诗人、浪漫主义文学泰斗。世袭男爵，人称"拜伦勋爵"。代表作《恰尔德·哈罗尔德游记》（1812年）、《唐璜》（1819-1824年）等。　17, 115, 140, 193

班克斯，约瑟夫（Banks, Joseph 1743-1820）——英国探险家、博物学家、植物学家。1768-1771年随同詹姆斯·库克作环球考察旅行，发现许多植物新品种。资助很多植物学家前往世界各地搜集植物，将皇家植物园建成当时世界最大的植物园，1797年任园长。1778年任皇家学会会长，直至去世。　120

班扬，约翰（Bunyan, John 1628-1688）——英国作家、布道家。代表作《天路历程》（1678年）堪称史上最广为人知的宗教寓言文学。　191

保罗四世（Paul IV 1476-1559）——意大利籍教皇（1555-1559年在位）。脾气暴躁，是个强硬的极端保守主义者。任内迫害犹太人，制定《禁书索引》（1559年）。　189

鲍斯威尔，詹姆斯（Boswell, James 1740-1795）——英国法律家、作家。代表作《赫布里底群岛旅游日记》（1785年）、《约翰逊博士传》（1791年）。　119, 153

柏拉图（Plato 427-347 BC）——古希腊哲学家、苏格拉底的学生、亚里士多德的老师。公元前385年创立了著名的柏拉图学园。现存著作多为对话形式，代表作《理想国》（公元前380年）。　4, 37, 106, 165

勃兰登堡的阿尔布雷希特（Albrecht von Brandenburg 1490-1545）——德国宗教改革时期的重要人物。1518年他成为美因茨大主教，路德抨击的出售赎罪券的主要人物之一。　95

博纳尔，路易·加布里埃尔·安布鲁瓦兹（Bonald, Louis Gabriel Ambroise 1754-1840）——法国反革命哲学家、政治家。王统（正统王权）主义的主要辩护者，否定法国大革命的价值，拥护国王的和教会的权力。代表作《政治权力与宗教权力学说》（1796年）、《对社会秩序的自然法则的分析》（1800年）、《论离婚》（1801年）和3卷本《单纯根据理性……加以考虑的原始立法》（1802年）。　122

布朗，托马斯（Browne, Thomas 1605-1682）——英国医生、作家。作品涉及医学、宗教、科学、秘教等各种知识。代表作沉思录《一个医生的宗教信仰》（1643年）。　196

布雷默尔，弗雷德丽卡（Bremer, Fredrika 1801-1865）——瑞典女作家、女权活动家。所写恬静家庭生活小说，在国内外颇受欢迎。1849-1851年在美国旅行期间，曾会见爱默生、朗费罗和霍桑等著名作家。代表作《家》（1831年）、《赫塔》（1856年）等。　84

布里奇斯，埃杰顿（Brydges, Egerton 1762-1837）——英国作家和

系谱学家。以编印伊丽莎白时代和 17 世纪的善本书闻名，1814 年受封为男爵。 116

布鲁克勋爵（Lord Brooke 1554-1628）——原名富尔克·格雷维尔（Fulk Grevill）。英国伊丽莎白时期诗人、剧作家、政治家。1581-1621 年期间担任过几届下议院议员。1614 年被任命为财政大臣。代表作《名人菲利普·锡德尼爵士生平》（1652 年）对伊丽莎白时期的政治作了可贵的评论。 148

布鲁诺，焦尔达诺（Bruno, Giordano1548-1600）——意大利哲学家、多明我会修士。因热情拥护哥白尼学说，导致其与宗教法庭的冲突。1592 年于威尼斯被捕。经历 7 年审讯，被烧死于罗马的火刑柱上。代表作《举烛人》（1582 年）、《论原因、本原与太一》（1584 年）、《论无限、宇宙和诸世界》（1584 年）等。 189

布鲁图，马库斯·尤利乌斯（Brutus, Marcus Junius 85-42 BC）——罗马共和国晚期的政治家、军人。组织并参与了对恺撒的谋杀，曾留下一句名言："我爱恺撒，我更爱罗马"。 111

布瓦洛，尼古拉（Boileau-Despréaux, Nicolas 1636-1711）——法国诗人、批评家。代表作《讽刺诗》（1658）、《书简诗》（1668 年）、《诗艺》（1674 年）。 187

C

查理五世（Charles V 1500-1558）——神圣罗马帝国皇帝（1519-

1556年在位）。1517年他与其母同为西班牙的统治者（称查理一世），1519年被选为神圣罗马帝国皇帝。他与法国弗兰西斯一世的争斗主宰了西欧事务，他们之间的战争几乎连绵不断。1555年查理将帝国分给了儿子（西班牙腓力二世）和弟弟斐迪南皇帝一世，自己隐居在西班牙的尤斯蒂隐修院。　101, 156, 178

沉默者威廉（William the Silent 1533-1584）——荷兰反对西班牙哈布斯堡王朝统治的英雄、八十年战争的中心人物之一。因在西班牙国王菲利普二世讲述把新教徒赶出尼德兰的计划时闭口不言，被称为"沉默者威廉"。　81, 85

D

达吕，皮埃尔（Daru, Pierre 1767-1829）——法国军人、政治家、历史学家、诗人。拿破仑最得力的行政官员之一，历任元老院议员兼军需总长、宫廷总监、国务秘书。1809年受封伯爵。著有7卷本《威尼斯共和国史》(1819年)、3卷本《布列塔尼史》(1826年)、训诫诗《天文》(1820年)。　68

大卫（David c. 1040-970 BC）——以色列的第二个王。在位四十年，国力强盛，经济繁荣，在政治和宗教上为以色列人建立了丰功伟绩。　37, 175

但丁（Dante Alighieri, 1265-1321）——意大利中世纪最伟大的诗人、

文艺复兴的先驱者。代表作《神曲》(1308-1321 年)对中世纪政治、哲学、科学、神学、诗歌、绘画作了艺术性的阐述和总结,反映出意大利从中世纪向近代过渡的转折时期的现实生活和各个领域发生的社会、政治变革,透露了新时代的新思想——人文主义的曙光。 106, 151, 188

丹尼尔,萨缪尔(Daniel, Samuel 1562-1619)——英国诗人、历史学家。代表作 8 卷本韵文诗《玫瑰战争》(1595-1609 年)。 29

笛福,丹尼尔(Defoe, Daniel 1659-1731)——英国小说家、新闻记者、小册子作者。被视作英国小说的开创者之一。代表作《鲁滨逊漂流记》(1719 年),鲁滨逊也成为与困难抗争的典型。 191

笛卡尔,勒内(Descartes, René)——法国哲学家、数学家。近代哲学之父,"理性主义"的奠基人。将几何坐标体系公式化而被誉为"解析几何之父"。代表作《几何学》(1637 年)、《方法论》(1637 年)、《第一哲学沉思集》(1641 年)、《哲学原理》(1644 年)等。 10

蒂雷纳子爵(Vicomte de Turenne 1611-1675)——原名亨利·德·拉·图尔·奥韦涅(Henri de la Tour d'Auvergne)。法国波旁王朝的军人。法国六大元帅之一,被拿破仑尊为历史上最伟大的军事天才。 111

蒂洛森,约翰(Tillotson, John 1630-1694)——坎特伯雷大主教(1691-1694 年)。因其布道文在北美殖民者中非常流行而出名。 169

第欧根尼(Diogenes of Sinope c. 412-323)——古希腊哲学家、犬儒学派的代表人物。归到他名下的但现已失传的各种著作中,有对话、戏

剧和一部《共和国》。　175

迪斯累里，伊萨克（D'Israeli, Isaac 1766-1848）——英国作家、学者、文人。代表作《文坛奇闻录》（1791-1823年），其中收集了大量与历史人物和事件、珍本书和藏书家有关的奇闻轶事。　110, 154, 187

F

法拉第，迈克尔（Faraday, Michael 1791-1867）——英国物理学家、化学家。发现电磁感应现象、电解定律和光与磁的基本关系，创立现代电磁场的基本观念。　83, 89, 91

费尔法克斯，托马斯（Fairfax, Thomas 1612-1671）——英格兰国会军将领。1645年任新模范军司令，在内兹比击败查理一世。　177

伏尔泰（Voltaire 1694-1778）——原名弗朗索瓦-马里·阿鲁埃（François-Marie Arouet）。法国启蒙时代思想家、哲学家、文学家、历史学家。启蒙运动公认的领袖和导师，被称为"法兰西思想之父"。写有哲学著作《哲学书简》（1734年）、《举烛人》（1759年）、《宽容论》（1763年）、《哲学词典》（1764年），历史著作《路易十四的时代》（1751年）、《风俗论》（1756年），文学著作《俄狄浦斯》（1718年）、《中国孤儿》（1755年）、《苏格拉底》（1759年）。　60, 64, 117

福克斯，查尔斯·詹姆斯（Fox, Charles James 1749-1806）——英国政治家、外交大臣（1782年、1783年、1806年）。　30, 31

品格论

富兰克林，本杰明（Franklin, Benjamin 1706-1790）——美国政治家、外交官、作家、物理学家、气象学家、发明家。美国国父之一，亦是美国首位邮政局长。 111, 134

弗朗索瓦一世（Francis I 1494-1547）——法国国王（1515-1547年在位）。又称"大鼻子弗朗索瓦""骑士国王"。被视为开明的君主、多情的男子和文艺的庇护者。法国历史上最著名也最受爱戴的国王之一。在他统治时期，法国文化达到一个高潮。 156

G

歌德，约翰·沃尔夫冈·冯（Goethe, Johann Wolfgang von 1749-1832）——德国诗人、剧作家、小说家、自然科学家、政治人物。代表作小说《少年维特的烦恼》（1774年）、《威廉·迈斯特的学习年代》（1796年）、《亲和力》（1809年）、叙事诗《赫尔曼与窦绿苔》（1797年）、诗集《西东诗集》（1819年）、诗剧《浮士德》（1808-1833年）、自然科学论文《色彩论》（1810年）、自传《诗与真》（1811年）等。 87, 109, 195

格雷姆，詹姆斯（Graham, James 1792-1861）——英国政治家。先后加入辉格党、保守党、自由党，两度出任海军大臣（1830-1834年；1852-1855年）。 187

歌利亚（Goliath）——传说中的著名巨人之一。《旧约·撒母耳记上》第17章中记载，歌利亚是腓力士将军，带兵进攻以色列军队，它拥有无穷的力量，所有人看到他都要退避三舍，不敢应战。最后，牧童大卫（未来的以色列国王）用投石弹弓打中歌利亚的脑袋，并割下他的首级。 175

H

哈维洛克，威廉（Havelock, William 1793-1848）——英国军人。曾参加滑铁卢战役（1815年6月18日），并在战斗中受伤，后被封为骑士。 35

哈兹利特，威廉（Hazlitt, William 1778-1830）——英国作家。最著名的文集是《席间闲谈》（1817年）和《时代精神》（1825年）。 92, 104, 149

汉尼拔（Hannibal 247-183/182 BC）——北非古国迦太基的将军。被视为军事史上最伟大的军事统帅之一。一生与罗马共和国为敌。指挥的最著名战役是在第二次布匿战争（公元前218年-前202年）中，翻越阿尔卑斯山脉进入意大利，重创罗马军队。 111

赫伯特，乔治（Herbert, George 1593-1633）——英国诗人、演说家、圣公会牧师。以词句洗练、妥帖见称，遗作《圣殿：圣诗及个人抒怀》（1633年）具有玄学意味。 22, 68, 76, 85, 89, 90, 109, 142, 148, 155

贺拉斯（Horace 65-8 BC）——罗马帝国奥古斯都统治时期著名的诗人、批评家。代表作《讽刺诗集》（公元前35-前30年）、《长短句集》（公元前3年0）、《歌集》（公元前23-前11）、《书札》（公元前21-前11

霍尔，马歇尔（Hall, Marshall 1790-1857）——英国生理学家。最先科学地解释了神经的反射作用。　6, 53

亨特，李（Hunt, Leigh 1784-1859）——英国散文作家、评论家、新闻记者、诗人。代表作《阿布·本·阿德罕姆》（1825 年）和《珍妮吻了我》（1825 年）、《自传》（1850 年）。　13, 85

J

吉本，爱德华（Gibbon, Edward 1737-1794）——英国历史学家。1774-1780 年任国会议员。代表作 6 卷本《罗马帝国衰亡史》（1776-1788 年）。　120

吉福德，威廉（Gifford, William 1756-1826）——英国讽刺诗人、古典学者。《每季评论》的第一任主编(1809-1824 年)。　65

加尔文，约翰（Calvin, John 1509-1564）——法国神学家。宗教改革运动初期的领袖、加尔文宗的创立者。1559 年设立日内瓦大学。代表作《基督教原理》（1536 年）。　81, 176

伽利略，加利莱伊（Galileo, Galilei 1564-1642）——意大利物理学家、天文学家、哲学家。在文艺复兴时期的科学革命中扮演了重要角色，被誉为"近代天文学之父""近代物理学之父"。因支持哥白尼的日心说而受到教会迫害。代表作《星界报告》（1610 年）、《关于托勒密和哥白尼两大世界体系的对话》（1632 年）、《关于两门新科学的对话》（1638 年）。　10, 189

加图，马尔库斯·波尔基乌斯（Cato, Marcus Porcius 234-149 BC）——罗马共和国时期的政治家。因坚持保守主义和反对希腊化而出名。罗马历史上第一个重要的拉丁语散文作家。代表作散文诗《农业志》（约公元前 160 年）。　113

杰勒德，约翰（Gerard, John 1545-1611）——英国植物学家。1597 年发表著名的《草药志》一书。书中搜集了 1000 多种植物，是有关植物名录的第一部著作。　120

杰伊，约翰（Jay, John 1745-1829）——美国政治家、革命家、外交家、法律家。美国的缔造者之一。1782 年与富兰克林和亚当斯一同出使法国，次年签署《巴黎和约》。与汉密尔顿和麦迪逊一起撰写了《联邦党人文集》（1788 年）。1789-1795 年成为美国最高法院第一任首席大法官。　43

金斯利，查尔斯（Kingsley, Charles 1819-1875）——英国圣公会牧师、大学教授、历史学家、小说家。1859 年任维多利亚女王的牧师。1860-1869 年任剑桥大学近代史教授。代表作《希帕蒂亚》（1853 年）、《向西方！》（1855 年）、《水孩儿》（1863 年）等。　133

K

卡莱尔，托马斯（Carlyle, Thomas 1795-1881）——苏格兰散文作家、历史学家。代表作《法国大革命史》（1837 年）、《英雄崇拜论》（1841 年）、《过去与现在》（1843 年）、《衣服哲学》（1833-1834 年）等。　85,

108, 153

恺撒，盖乌斯·儒略（Caesar, Gaius Julius 100-44）——罗马共和国末期的军事统帅、政治家、儒略家族成员。历任财务官、大祭司、大法官、执政官、监察官、独裁官等职。公元前60年与庞培、克拉苏秘密结成前三头同盟，随后出任高卢总督，用了8年时间征服高卢全境（现在的法国），亦袭击了日耳曼和不列颠。公元前49年，率军占领罗马，打败庞培，实行独裁统治，制定了《儒略历》。公元前44年，恺撒遭以布鲁图所领导的元老院成员暗杀身亡。   24, 36, 69, 111-113, 174, 175

坎宁安，阿兰（Cunningham, Allan 1784-1842）——苏格兰诗人、作家。编有《英格兰和苏格兰农民中流传的故事》（1822年）和《古今苏格兰诗歌》（1825年），著有6卷本《英国最著名的画家、雕刻家和建筑师的生平》（1829-1833年）。编辑了《罗伯特·彭斯的作品》（1834年），并冠以彭斯传，内有许多有价值的新材料。   153

坎普腾的托马斯（Thomas à Kempis 1380-1471）——德国中世纪晚期基督教修士、神秘主义思想家。代表作为著名灵修著作《效法基督》（1418年）。   107

康帕内拉，托马索（Campanella, Tommaso 1568-1639）——意大利哲学家。因宗教思想较为激进，曾多次被捕，前后在狱中度过近三十年。在狱中，写出著名的乌托邦式著作《太阳城》（1602年）。   191

柯尔律治，塞缪尔·泰勒（Coleridge, Samuel Taylor 1772-1834）——

英国诗人、文学评论家。英国浪漫主义文学的奠基人之一。以"古舟子咏"（1798 年）一诗成名，与华兹华斯合著《抒情歌谣集》（1798 年），其两卷本文评集《文学传记》（1817 年）以博大精深见称。　61

克拉克森，托马斯（Clarkson, Thomas 1760-1846）——英国废奴主义者。1823 年成立反奴隶制协会，当选为副会长。著有《论人类的奴隶制度和奴隶贸易》（1786 年）。　185

克丽奥帕特拉（Cleopatra c.70-30 BC）——古埃及托勒密王朝的最后一任法老。被认为是为保持国家免受罗马帝国吞并而色诱恺撒大帝及他的手下马克·安东尼，因此又被称为"埃及艳后"。　114

科林斯，约翰（Collins, John 1625-1683）——英国数学家。与当时许多重要的科学家、数学家有过大量的书信来往，这些书信为当时科学上所做出的许多重大发现提供了具体细节。　139

克伦威尔，奥利弗（Cromwell, Oliver 1599-1658）——英国政治家、军事家、宗教领袖。1653 年建立军事独裁统治，自任"护国公"。　33, 81, 85, 115

L

拉伯雷，弗朗索瓦（Ràbelais, François 1494-1553）——法国文艺复兴时期作家、医生、人文主义代表人物。表达反教会、反封建思想的 5 卷本《巨人传》（1532-1564 年），在当时曾被列为禁书。　107, 122

品格论

拉德纳，狄奥尼修斯（Lardner, Dionysius 1793-1859）——爱尔兰作家。撰写普及科学和技术的文章。编著的《百科全书》（1830-1844年）总计133卷。 93

拉迪亚德，本杰明（Rudyard, Benjamin 1572-1658）——英国政治家、诗人。1620-1648年任国会议员。 24

拉封丹（La Fontaine 1621-1695）——法国寓言诗人。1683年被选为法兰西学士院院士。代表作《寓言诗》（1668年）虽然多取材于伊索寓言和东方传说，但推陈出新，将寓言这传统体裁推至一个新高度。 120

拉科代尔，让-巴蒂斯特·亨利（Lacordaire, Jean-Baptiste Henri 1802-1861）——法国天主教教士、报人、政治活动家。在大革命之后的法国重建了多明我会。1830年创办了《未来报》。1860年当选为法兰西学术院院士。 86

拉罗什富科（La Rochefoucauld 1613-1680）——法国贵族、道德家。代表作《回忆录》（1662年）、《道德箴言集》（1665年）。 133, 154

拉普拉斯，皮埃尔-西蒙（Laplace, Pierre-Simon 1749-1827）——法国数学家、物理学家、天文学家。天体力学的集大成者，被誉为法国的牛顿和天体力学之父。代表作《天体力学》(1799-1825年)、《宇宙体系论》（1796年）和《概率的解析理论》（1812年）。 10, 67

拉塞佩德，伯纳德·热尔曼·德（Lacépède, Bernard Germain de 1756-1825）——法国博物学家、政治家。法国大革命之后历任立法会成员、元老院议员、议长、荣誉军团司令官等职。代表作《爬虫类志》（1789 年）、《鱼类志》（1798-1803 年）、《鲸类志》（1804 年）。　60

拉斯金，约翰（Ruskin, John 1819-1900）——英国维多利亚时代美术评论家。代表作《现代画家》（1843-1860 年）、《建筑学的七盏灯》（1848 年）、《威尼斯之石》（1851-1853 年）。　147

拉瓦锡，安托万-洛朗·德（Lavoisier, Antoine-Laurent de 1743-1794）——法国化学家、生物学家。创立氧化说以解释燃烧等实验现象，倡导和改进定量分析方法，并用其验证了质量守恒定律。提出规范的化学命名法，撰写了第一部真正意义的化学教科书。　189

莱昂，路易斯·德·蓬斯（León, Luis Ponce de 1527-1591）——西班牙神秘主义者、诗人。散文杰作《基督的名字》（1583-1585 年）是一篇对话体论文，为西班牙古典主义散文风格的最高典范。　86

兰开斯特，约瑟夫（Lancaster, Joseph 1778-1838）——英国教育家、贵格会教徒。创立的让能力较强的学生教能力较弱的学生的班长制教学法，被称为"兰开斯特教学法"。　185, 186

兰姆，查尔斯（Lamb, Charles 1775-1834）——英国散文家。代表作散文集《伊利亚随笔集》（1823-1833 年）、与其姐玛丽合著《莎士比亚戏剧故事集》（1807 年）。　58

劳伦斯，亨利（Lawrence, Henry 1806-1857）——英国军人、印度行政官员。1848 年受封爵士。　105, 185

老皮特（William Pitt THE ELDER 1708-1778）——英国政治家、贵族。凭七年战争（法国-印第安战争）而声名大噪。1766年受封查塔姆伯爵。1766-1768年出任首相。 35

老普林尼（Pliny the Elder 23-79）——古罗马博物学家、政治家、军人。历任帝国海外领土总督，公元79年被任命为罗马西部舰队司令。代表作《博物志》(77年)。 51

勒费弗尔，弗朗索瓦·约瑟夫（Lefebvre, François Joseph 1755-1820）——法国军人。大革命和拿破仑战争期间法国军事指挥官，拿破仑麾下的十八元帅之一。 186

利奥十世（Leo X 1475-1521）——意大利籍教皇（1513-1521年在位）。原名乔万尼·德·美第奇（Giovanni de Medici）。文艺复兴时期挥霍最甚的教皇之一，由于没有认真对待路德所提出的问题和所进行的活动，导致统一的西方教会解体。 156

里希特，约翰·保罗·弗里德里希（Richter, Johann Paul Friedrich 1763-1825）——德国小说家和幽默作家。笔名让·保罗（Jean Paul）。代表作《看不见的小屋》(1793年)、《赫斯佩鲁斯》(1795年)、4卷本《大力神》(1800-1803)、3卷本《彗星》(1820-1822年)。 30

路德，马丁（Luther, Martin 1483-1546）——基督教神学家、宗教改革运动的主要发起人、新教路德宗的创始人。提倡因信称义，反对教宗的权威地位。翻译的德文圣经影响深远，促进了德文的发展。 30, 33,

56, 137, 138, 150, 176, 178, 191

卢梭，让-雅克（Rousseau, Jean Jacques 1712–1778）——法国哲学家、作家、政治理论家。法国大革命的思想先驱，启蒙运动最卓越的代表人物之一。代表作《论人类不平等的起源和基础》(1755年)、《新爱洛伊丝》(1761年)、《爱弥儿》(1762年)、《社会契约论》(1762年)、《忏悔录》（1770）等。　117

路易十四（Louis XIV 1638–1715）——法国波旁王朝著名的国王（1643–1715年在位）。自号太阳王，是世界上执政时间最长的君主之一。他的执政期是欧洲君主专制的典型和榜样。路易十四生前扩大了法国的疆域，使其成为当时欧洲最强大的国家和文化中心。　63, 118

罗比森，约翰（Robison, John 1739–1805）——苏格兰物理学家、发明家。和瓦特一起研发早期的蒸汽汽车。　11

罗伯逊，威廉（Robertson, William 1721–1793）——苏格兰历史学家、爱丁堡大学校长、苏格兰启蒙运动中的主要人物之一。代表作《查理五世统治史》(1769年)。　60

罗杰斯，萨缪尔（Rogers, Samuel 1763–1855）——英国诗人。代表作《回忆的乐趣》(1792年)、《罗杰斯席间谈话录》出版（1856年）。　13, 154

洛克，约翰（Locke, John 1632–1704）——英国哲学家、经验主义代表人物。启蒙运动最有影响的思想家之一，被称为"古典自由主义之父"。代表作《人类理解论》(1689年)、《政府二论》(1690年)、《教育漫

话》（1693年）、《基督教的合理性》（1695年）等。　144

洛克哈特，约翰·吉布森（Lockhart, John Gibson 1794-1854）——英国评论家、小说家、传记作家。所著《司各特传》（1837-1838年）是英国最著名的传记作品之一。　94

罗兰夫人（Madame Roland 1754-1793）——全名为玛丽-让娜·罗兰·德·拉普拉蒂埃 (Marie-Jeanne Roland de la Platière)。法国大革命时期著名的政治家、吉伦特党领导人之一。留下一句为后人所广为传诵的名言：自由自由，天下古今几多之罪恶，假汝之名以行！　111

罗珀，玛格丽特（Roper, Margaret 1505-1544）——英国作家、翻译家。托马斯·莫尔的女儿。曾翻译过伊拉斯谟的作品。莫尔去世后，她把莫尔的头颅浸泡在香料里保存，死后同葬。　166

罗斯，乔治（Rose, George 1744-1818）——英国政治家。因为与小皮特的友谊和对他的忠诚，颇受小皮特的照顾。　78

罗耀拉（Ignatius of Loyola 1491-1556）——西班牙神学家、耶稣会的创始人—第一任总管。主张在罗马天主教会内进行改革，以对抗由马丁·路德等人所领导的宗教改革。1622年被追谥为圣徒。代表做《精神修炼》（1548年）。　176

M

马顿，亨利（Marten, Henry 1602-1680）——英国法律家、政治家。

1640-1653 年任下议院议员。热情的共和主义者，1649 年参与对查理一世的审判。　159

马莱伯，弗朗索瓦·德（Malherbe, Françoisde 1555-1628）——法国诗人、批评家、翻译家。自誉为"出色的音节排列者"。坚持格律严谨、用词审慎和纯正而为法国古典主义开辟了道路。曾译过李维和塞涅卡的作品。代表作《圣彼得的眼泪》（1587 年）。　120

马萨林主教（Cardinal Mazarin 1602-1661）——意大利原名朱利奥·马扎里诺（Giulio Mazarino）。法国外交家、政治家、枢机主教。1643-1661 年任法王路易十四的宰相，任内巩固专制王权，加强了法国在欧洲的地位。　181

马塞纳，让-安德烈（Masséna, Jean-André 1758-1817）——法国革命战争和拿破仑战争时期的法国将领。拿破仑称帝后首批获授帝国元帅的18 名法军将领之一。除拿破仑外，没有一位指挥官比他更杰出。　68

马特，夏尔（Martel, Charles 688-741）——法兰克王国的政治家、军事领袖。丕平二世的私生子，查理大帝的祖父。715-741 年任法兰克王国的宫相，任职期间是王国的实际统治者。马特是欧洲中世纪最重要的人物之一，其功绩包括奠定加洛林王朝，确立采邑制，巩固封建制度。也是一位名将，最著名的一战便是于 732 年在图尔战役中阻挡了穆斯林势力对欧洲的入侵。　114

麦考利，托马斯·巴宾顿（Macaulay, Thomas Babington 1800-

米拉波，奥诺莱·加布里埃尔·里凯蒂（Comte de Mirabeau, Honoré-Gabriel Riquetti 1749-1791）——法国政治家、作家、新闻记者、外交官、共济会会员。法国大革命初期的国民议会中最伟大的演说家和最富才智的政治家，被称为"人民的喉舌"。温和派的最重要人物之一，主张君主立宪制。　91

莫尔，托马斯（More, Thomas 1478-1535）——英国法律家、思想家、政治家。文艺复兴时期杰出的人文主义者。曾任亨利八世的枢密顾问和大法官（1529-1532年）。因反对亨利八世兼任国教会首领而被处死，后被封为天主教会和圣公会圣人。代表作《乌托邦》（1516年）。　148, 165, 166

莫塞莱，亨利（Moseley, Henry 1801-1872）——英国数学家、物理学家、布里斯托地区教士。伦敦国王学院的第一位自然哲学教授，造船学国际权威。　146

莫特利，约翰·洛思罗普（Motley, John Lothrop 1814-1877）——美国外交家、历史学家。以《荷兰共和国的兴起》（1856年）驰名。　81

摩西（Moses）——纪元前13世纪的犹太人先知，《摩西五经》的执笔者。　37

穆尔，约翰（Moore, John 1761-1809）——英国陆军中将。因实施军事训练上的改革以及在半岛战役期间(1807-1814年)的拉科鲁尼亚之战（1809年）中打败苏尔特元帅统领的法军而出名，本人在此战中不幸阵亡。　33, 34, 35

穆勒，詹姆斯（Mill, James 1773-1836）——英国哲学家、历史学家、经济学家。约翰·斯图亚特·穆勒之父。古典经济学的创始人之一。代表作《政治经济学原理》（1821年）。　51

N

内皮尔，查尔斯（Napier, Charles 1782-1853）——英国将军。1794年入伍，曾参加半岛战役。1842年奉调前往印度指挥对信德省（现为巴基斯坦的一部分）的战争，成为驻印英军总司令，1851年因病辞任。　33, 35

内皮尔，乔治（Napier, George 1784-1855）——英国将军。1800年参军，在半岛战役期间罗德里戈攻城战的一次冲锋中失去了右臂。著有自传《G. T. 内皮尔爵士的早期从军生涯》（1885年）。　33, 35

内皮尔，威廉（Napier, William 1785-1860）——英国将军、历史学家。1800年参军，曾参加半岛战役。所著6卷本《半岛战役史》（1828-1840年）由于文笔有力，战争场面生动，受到普遍赞扬。　33, 35

尼布尔，巴托尔德·格奥尔格（Niebuhr, Barthold Georg 1776-1831）——德国历史学家。所创原始资料鉴定法开创了历史研究的新纪元。代表作3卷本《罗马史》（1811-1832年）。　149

牛顿，艾萨克（Newton, Issak 1643-1727）——英国物理学家、数学家、天文学家、自然哲学家。1687年发表的《自然哲学的数学原理》阐述了万有引力和三大运动定律，奠定了近代物理学和天文学的基础。在力学上，阐明了动量和角动量守恒原理。在光学上，发明了反射望远镜，发展出颜色理论。在数学上，与莱布尼茨同时创立了微积分学。　10, 67, 139

彭斯，罗伯特（Burns, Robert 1759-1796）——苏格兰民族诗人。1786 年出版第一部诗集《主要用苏格兰方言写的诗集》，后半生主要从事收集歌曲和作词。 193

皮姆，约翰（Pym, John 1584-1643）——英国政治家、国会议员（1621-1643 年）。1640 年召开长期国会，迫使国王查理一世接受一项规定未经国会同意不得解散国会的法令。1642 年成为国王查理一世企图逮捕的 5 名国会议员之一，这引发了清教徒革命（1642-1646 年）。 174

丕平二世（Pepin II 635-714）——法兰克王国的政治家、军事领袖。680-714 年担任加洛林王朝的宫相。 114

普里斯特利，约瑟夫（Priestley, Joseph 1733-1804）——英国教士、化学家、教育家、政治理论家。氧气的发现者之一。1794 年因同情和声援法国大革命而被迫移居美国。他的 150 多部著作大大推动了 18 世纪的自由思想和实验科学。 189, 190

普卢塔克（Plutarch c.46-125）——罗马帝国的希腊作家。代表作纪传体《希腊罗马名人传》记载了包括恺撒、安东尼、梭伦等约 50 位古希腊罗马的著名军事、政治人物，对后世的史学研究及文学创作产生一定影响。 110-114, 120, 168

Q

本·琼森（Jonson, Ben 1572-1637）——英国剧作家、诗人、评论

家。被公认为伊丽莎白一世和詹姆斯一世时期仅次于莎士比亚的剧作家，1616 年被封为桂冠诗人。代表作《狐狸》(1606 年)、《安静的女人》(1609 年)、《炼金术士》(1610 年) 和《巴托罗缪集市》(1614 年)。　180

S

　　塞尔斯的圣弗朗西斯（ Saint Francis de Sales 1567-1622 ）——罗马天主教和圣公会圣人、日内瓦主教。以深厚的信仰和处理宗教改革产生的分裂时所用的温和方式而闻名于世。代表作《论爱主真谛》(1616 年)、《成圣捷径》(1619 年) 等。　85

　　塞内加（ Seneca c. 4-65 ）——罗马帝国的政治家、哲学家、诗人。留下 9 部悲剧《疯狂的赫拉克勒斯》《特洛伊妇女》《腓尼基少女》《美狄亚》《菲德拉》《俄狄浦斯》《阿伽门农》《提埃斯忒斯》和《奥塔山上的赫拉克勒斯》。　37, 144

　　塞万提斯（ Cervantes 1547-1616 ）——西班牙小说家、剧作家、诗人。被誉为西班牙文学世界里最伟大的作家。小说《堂吉诃德》(1605-1615 年) 是文学史上第一部现代小说，同时也是世界文学的瑰宝之一。　106, 122

　　塞维鲁皇帝（ Septimius Severus 145-211 ）——罗马皇帝（ 193-211 年在位)。塞维鲁王朝（ 193-235 年) 的建立者，第一个生于非洲的罗马皇帝。　51

　　骚塞，罗伯特（ Southey, Robert 1774-1843 ）——英国浪漫派诗人。与华兹华斯、柯尔律治并称"湖畔派诗人"。1813 年受封为桂冠诗人。代表作史诗《罗伯斯庇尔的覆灭》（1794年）、《圣女贞德》（1796年）、短诗"布伦海姆之战"（1796年）、"因尺角之石"（1802年）、散文集《医生》（1834-1847年）等。　115

色诺芬（Xenophon c. 430-354 BC）——古希腊历史学家、作家、苏格拉底的弟子，著有《远征记》《希腊史》《斯巴达政体论》《居鲁士的教育》《回忆苏格拉底》等。　37

沙夫茨伯里勋爵（Lord Shaftesbury 1801-1885）——原名安东尼·阿什利·库珀（Anthony Ashley Cooper）。英国政治家、慈善家、社会改良活动家。1847-1851年担任下议院议员，1851年7月继承伯爵爵位（第七任沙夫茨伯里伯爵）后进入上议院。1833年在下议院提出《十小时劳动法》，1847年1月该法案终于在议会获得通过。　90

莎士比亚，威廉（Shakespeare, William 1564-1616）——文艺复兴时期英国最重要的作家、杰出的戏剧家和诗人。流传下来38部戏剧（16部喜剧、12部悲剧、10部历史剧）、155首十四行诗、两首长叙事诗和其他诗歌等。　64, 72, 120, 121, 139, 140

尚福尔，尼古拉（Chamfort, Nicolas 1741-1794）——法国剧作家、杂文家。以风趣著称，所写格言在法国大革命期间成为民间流行的俗语。代表作喜剧《印度女郎》（1764年）、《士麦拿商人》（1770年）、悲剧《穆斯塔法和泽安吉尔》（1776年）、《格言、警句和轶事》（1795年）。　117

圣奥古斯丁（St. Augustine 354-430）——古代基督教神学家、哲学家、拉丁教父之一。被认为可能是圣保罗之后最重要的基督教思想家。代表作《忏悔录》（397-400 年）、《上帝之城》（426 年）、《论三位一体》（417 年）等。 117, 121

圣保罗（St. Paul 3-67）——原名扫罗。早期基督教的理论家、《圣经·新约》的作者之一。第一个去外邦传播福音的基督徒，也是世界上第一位穿梭外交家。 56

圣伯尔纳（Saint Bernard of Clairvaux 1090-1153）——神学家、改革家。人称甜如蜜的教义师。 28

圣伯夫，夏尔·奥古斯丁（Sainte-Beuve, Charles Augustin 1804-1869）——法国文艺评论家、小说家、诗人。代表作评论集 5 卷本《波尔-罗亚尔修道院史》（1840-1859 年）、16 卷本《星期一闲谈》（1851-1862 年）、13 卷本《新星期一闲谈》（1863-1870 年）、诗集《安慰集》（1830 年）、小说《情欲》（1835 年）等。 119, 152

圣卜尼法斯（Saint Boniface 672-754）——法兰克王国基督教传教士、殉道者。向日耳曼人传播基督教的最重要人物，史称"日耳曼使徒"。 56

圣西门，路易·德·鲁弗鲁瓦（Louis de Rouvroy, duc de Saint-Simon 1675-1755）——法国军人、作家。1691-1702 年从军。《回忆录》成为对路易十四在位最后 25 年间奥尔良公爵摄政时期最有影响的见证。 118, 119

史密斯，锡德尼（Smith, Sydney 1771-1845）——英国圣公会宣教士、议会改革的鼓吹者。1802 年和朋友一起创办《爱丁堡评论》。他的著述可能

比同时代人更能改变公众舆论对罗马天主教解放运动的看法。 10, 92, 133

年）、《一个稳健的提案》（1729 年）、政治小册子《德雷皮尔的书信》
（1724-1725 年）。　183

苏格拉底（Socrates 469-399 BC）——古希腊哲学家。被认为是西方
哲学的奠基者。没有留下著作，其思想和生平见之他的学生柏拉图、色
诺芬和同时代的剧作家阿里斯托芬的作品中。　37

所罗门（Solomon 1011-931 BC）——以色列王国的第三任君主（公
元前 971 年-公元前 931 年在位），即位后凭借耶和华赐给他的智慧，把
以色列建成一个富强的王国，实现了空前的太平盛世。所罗门还是一位
有名的诗人，他作箴言三千句，诗歌一千零五首。　6, 37, 84

T

塔列朗，夏尔·莫里斯·德（Talleyrand-Périgord, Charles Maurice de
1754-1838）——法国政治家和外交家。历任督政府外交部长（1797-1799
年）、执政府外交部长（1799-1804 年）、拿破仑的帝国外交大臣（1804-
1807 年）。路易十八即位后再任外交大臣，维也纳会议时成功的利用列强
之间的矛盾，保护法国的利益。　115

塔索，托尔夸托（Tasso, Torquato 1544-1595）——意大利诗人。代
表作叙事诗《里纳尔多》、牧歌剧《阿敏塔》（1573 年）、史诗《被解放的
耶路撒冷》（1581 年）。　151

泰勒，杰里米（Taylor, Jeremy 1613-1667）——英格兰基督教圣公会

教士、作家。代表作《圣洁生活的规则和习尚》（1650 年）、《圣洁死亡的规则和习尚》（1651 年）。　107, 194

泰勒斯（Thales c.624-c.546）——古希腊前苏格拉底哲学家。古希腊七贤之一，米利都学派创始人，西方思想史上第一个有名字留下来的哲学家。　17

特罗许，路易·朱尔（Trochu, Louis Jules 1815-1896）——法国将军和政治活动家、奥尔良党人。曾任国防政府主席兼巴黎武装力量总司令（1870 年 9 月-1871 年 1 月 22 日）。　62

提莫莱昂（Timoleon c.411-337 BC）——古希腊政治家和将军。领导西西里岛的希腊人抵制僭主统治，对抗迦太基。　111

廷德尔，约翰（Tyndall, John 1820-1893）——英国物理学家。主要靠自学成材，1854 年任皇家学院教授。　83, 89

图密善（Domitian 51-96）——罗马帝国第 11 位皇帝。弗拉维王朝的最后一位皇帝，81-96 年在位。由于执政中后期曾严酷处决许多元老以及迫害基督徒，因此在后世史书中的评价普遍不佳。　69

W

瓦特，詹姆斯（Watt, James 1736-1819）——英国发明家。发明高效率瓦特蒸汽机，对工业革命起了重大作用。　11

威尔克斯，约翰（Wilkes, John 1725-1797）——英国政治家、记者。

1780-1812 年任国会议员。代表作《情敌》(1775 年)、《造谣学校》(1777 年)等。　30, 31

雪莱，珀西·比希（Shelley, Percy Bysshe 1792-1822）——英国浪漫派诗人。被认为是历史上最出色的英语诗人之一。代表作叙事长诗《仙后麦布》(1813 年)、诗剧《解放了的普罗米修斯》(1818-1819 年)、长诗《西风颂》(1819 年)等。　193

Y

亚当斯，约翰（Adams, John 1735-1826）——美国政治家。1789 至 1797 年当选为第一任副总统，其后接替华盛顿成为美国第二任总统（1797-1801 年）。亚当斯亦是《独立宣言》(1776 年)签署者之一，与华盛顿和杰弗逊一起被誉为美国独立运动的"三杰"。　36

亚历山大大帝（Alexander the Great 356-323 BC）——古希腊马其顿国王(前 336 年-前 323 年在位)、军事家和政治家。欧洲史上最伟大的军事天才，也是世界史上最著名的征服者之一。曾师从古希腊著名学者亚里士多德，18 岁随父出征，20 岁继承王位，建立了古代史上最庞大的帝国，他的远征使得古希腊文明得到了广泛传播。　17, 50, 111-113

亚西比德（Alcibiades c.450-404 BC）——古希腊雅典的政治家、演说家和将军。在伯罗奔尼撒战争期间，曾和苏格拉底并肩战斗，互相救过对方。他的政治地位的动摇是伯罗奔尼撒战争中雅典失败的最大决定

性因素。   113

伊拉斯谟，德西德里乌斯（Erasmus, Desiderius 1466-1536）——荷兰文艺复兴时期人文主义者、天主教神父、神学家、哲学家。整理翻译了《新约全书》新拉丁文版和希腊文版。代表作《基督教骑士手册》（1504年）、《愚人颂》（1511年）、《基督教君主教育论》（1516年）、《自由意志论》（1524年）等。   121

伊丽莎白一世（Elizabeth I 1533-1603）——英格兰和爱尔兰女王（执政期从1558至1603年）。都铎王朝的第五位也是最后一位君主，也是名义上的法国女王。终身未嫁，因此被称为"童贞女王"。即位时英国处于内部因宗教分裂的混乱状态，不但成功地保持了英国的统一，而且使英国成为欧洲最强大、富有的国家之一。英国文化也在此期间达到了一个顶峰，涌现出了诸如莎士比亚等著名人物。   64

尤里乌斯三世（Julius III 1487-1555）——意大利籍教皇（1550-1555年在位）。登位后设法限制枢机主教的圣禄并整顿隐修院纪律。他关心耶稣会，在罗马成立培养德籍司铎的学院，委托耶稣会士管理。他赞成文艺复兴，整顿罗马大学，兴建圣安德烈教堂，任命帕莱斯特里纳为圣彼得教堂唱诗班指挥，米开朗琪罗为教堂建筑设计师。   156

约翰逊，萨缪尔（Johnson, Samuel 1709-1784）——英国批评家、诗人、散文家、传记作家、辞典编撰者。1764年成立著名的文学俱乐部。1765年出版校订和注释过的8卷本《莎士比亚全集》。1775年出版花9年时间独力编撰的 2 卷本《英语词典》。1776 获法学博士称号。代表作散文集《漫游者》(1750–1752 年)、小说《拉塞拉斯》(1759 年)、传记《诗人列传》(1779–1781 年)。　　8, 52, 77, 80, 109, 117, 119, 152, 153, 154

Z

詹姆斯一世(James I 1566–1625)——英格兰和爱尔兰国王(1603–1625 年在位)。同时也是苏格兰国王,称詹姆斯六世(1567–1625 在位)。詹姆斯一世任内维持了国内稳定与国际和平,下令编纂了英文版《圣经》(1611 年,史称《钦定版圣经》),使英文成为一种真正普遍性的读写文字,其贡献可与莎士比亚的戏剧并称,甚至更伟大。1623 年詹姆士一世允许专利权的设立,对英国与世界日后的工业革命及历史产生巨大影响。　　64

地名索引 *

---

*　按汉语拼音顺序排列，页码为中文页码。——编译者注

此，1821 年死于岛上。　56

图书在版编目（ＣＩＰ）数据

品格论／（英）塞缪尔·斯迈尔斯著；巨涛编译
. —— 上海：上海文艺出版社，2022
ISBN 978-7-5321-8483-5

Ⅰ. ①品… Ⅱ. ①塞… ②巨… Ⅲ. ①个人－修养－
通俗读物 Ⅳ. ① B825-49

中国版本图书馆 CIP 数据核字（2022）第 168310 号

品格论

著　　者：[英国] 塞缪尔·斯迈尔斯
编　　译：巨　涛

责任编辑：胡　捷
装帧设计：周艳梅
图文制作：孙　婳
责任督印：张　凯

出　　版：上海文艺出版社
出　　品：上海故事会文化传媒有限公司
　　　　　（201101 上海市闵行区号景路159弄A座3楼　www.storychina.cn）
发　　行：北京中版国际教育技术装备有限公司
印　　刷：天津旭丰源印刷有限公司
开　　本：787毫米x1092毫米　1/32　印张8
版　　次：2022年10月第1版　2022年10月第1次印刷
I S B N：978-7-5321-8483-5/B.0088
定　　价：38.00元

上海故事会文化传媒有限公司 出品（00537）

想看更多精彩故事？
扫码下载故事会APP